国人讲吃,不仅仅是一日三餐,解渴充饥,它往往蕴含着中国人认识事物、理解事物的哲理。

A BITE OF CHINA

舌尖上的中国

——中华美食的前世今生

李春梅 刘佳 编著

中国华侨出版社
北京

图书在版编目(CIP)数据

舌尖上的中国：中华美食的前世今生/李春梅，刘佳编著.
—北京：中国华侨出版社，2012.10（2021.7重印）

ISBN 978-7-5113-2213-5

Ⅰ.①舌… Ⅱ.①李…②刘… Ⅲ.①饮食—文化—中国
Ⅳ.①TS971

中国版本图书馆CIP数据核字（2012）第239667号

舌尖上的中国：中华美食的前世今生

编　　著：李春梅　刘　佳
责任编辑：黄　威
封面设计：冬　凡
文字编辑：于海娣
美术编辑：李　蕊
图片提供：www.icpress.cn
经　　销：新华书店
开　　本：720mm×1020mm　1/16　印张：15　字数：251千字
印　　刷：三河市兴博印务有限公司
版　　次：2012年12月第1版　2021年7月第2次印刷
书　　号：ISBN 978-7-5113-2213-5
定　　价：45.00元

中国华侨出版社　北京市朝阳区西坝河东里77号楼底商5号　邮编：100028
法律顾问：陈鹰律师事务所
发 行 部：（010）88893001　　传　　真：（010）62707370
网　　址：www.oveaschin.com　　E-mail：oveaschin@sina.com

如果发现印装质量问题，影响阅读，请与印刷厂联系调换。

preface
前 言

中国以"美食大国"享誉世界，不仅各种美味佳肴遍布中国各地，中国菜品更是风行海外。然而，美食一事，除品味之外，更有文化内涵与人文特色融会其中。每一个中国人舌尖上的故乡构成了整个中国，并且形成一种文化得以世代传承。在这种文化中，传统美食不再仅仅是味蕾上的一点滋味，更是每个中国人心底挥之不去的家国情怀。林语堂先生说："'吃'在中国无所不在，无往不通。这种'吃'，表面上看是一种生理满足，但实际上'醉翁之意不在酒'，它借吃这种形式表达了一种丰富的心理内涵。吃的文化已经超越了'吃'本身，获得了更为深刻的社会意义。亘古至今，聪明睿智的中国人将饮食上升为一种思想、一种境界，乃至一种哲理而论修身、齐家、治国、平天下。"

《舌尖上的中国——中华美食的前世今生》对中国饮食文化的发展和演变过程进行细致入微的全方位展示，带你从纸上认识、回味舌尖上的中国。书中从中华饮食的起源和发展、历代名宴、主要菜系和菜品、著名小吃、主要烹饪技法、饮食礼仪等方面入手，收录有关中国美食的传说、典故、趣闻、轶事，系统介绍了众多中华经典美食的历史渊源、独有风味和鲜明特色，折射出各个不同历史时期、各个地域、各个民族的社会生活形态与时代风貌。其中，"光阴中的烟火气"介绍了中华饮食数千年的发展历程；"岁月积淀的沉香"介绍了川、鲁、粤、苏、湘、徽、浙、闽八大菜系和北京菜等有代表性的地域美食，通过展现丰富多彩的烹饪文化讲述中国人的真实生活；"中国人的主食故事"系统再现了远古时代赖以充饥的自然谷物和如今人们餐桌上丰盛的、让人垂涎欲滴的美食，将一个异彩纷呈、变化多端的主食世界呈现出来；"厨房里藏匿的秘密"对中国人在厨房中的绝技和高超的调味技术进行全方位解密；"口腹之欲中的人文情怀"让我们看到人与天地万物之间的和谐关系；"历史与文化的馈赠"

带领我们体味历史的味道、人情的味道和记忆的味道;"三餐之外的饕餮盛宴"对中华小吃进行了系统介绍;"清茶老酒的醇芳"对中国饮食文化中非常重要的茶文化和酒文化进行了概括性介绍;"对健康的永恒追求"从养生保健和科学饮食的角度阐释中华饮食文化的内涵。此外,本书还收集了林语堂、梁实秋、汪曾祺等中国现当代文化名家谈论美食的散文,其中有传统大菜,也有特色小吃,将中国经典美食与回忆、故乡、风俗、文化等完美地融合在一起,让读者对于中国美食文化、风土人情有更深入的体会。

一碗汤喝尽一个时代的味道,一道菜品出半生浮沉的记忆。中国人用智慧巧妙地从自然界获取美味,这一切之所以能够实现,都得益于他们对上天和食物的敬畏以及对自己深爱的那片土地的眷恋。在这本书中,我们可以看到人与天地万物之间的和谐关系,感动我们的不仅仅是食物的味道,还有历史的味道、人情的味道、故乡的味道、记忆的味道。

目 录

第一章　光阴中的烟火气 / 1
饮食男女，人之大欲也——中国人的饮食 / 2
群芳吐蕊，百家争鸣——先秦诸子的饮食文化思想 / 5
至善至美，中华佳馔——历代名宴 / 8
八珍百馐，皇歆帝飨——宫廷御膳 / 12
中华美味，异域扬名——走向世界的中国菜 / 15
名家论吃
中国人的饮食 ——林语堂 / 19
谈吃——夏丏尊 / 26

第二章　岁月积淀的沉香 / 29
食不厌精，脍不厌细——鲁菜 / 30
一菜一格，百菜百味——川菜 / 34
典雅细腻，国宴本色——苏菜 / 37
选料博杂，生猛时尚——粤菜 / 40
湘味隽永，热辣风情——湘菜 / 44
新鲜活嫩，原汁原味——徽菜 / 48
文人气质，淡雅宜人——浙菜 / 52
一汤十变，醇和鲜嫩——闽菜 / 55
荟萃百家，兼收并蓄——北京菜 / 59

名家论吃

饮食男女在福州——郁达夫 / 63

狮子头——梁实秋 / 69

拌鸭掌——梁实秋 / 70

第三章　中国人的主食故事 / 71

制作精致，品类丰富——中国面点 / 72

纵有珍肴万席，不如饺子一垫——饺子文化 / 77

大江南北，遍地开花——中国的面条 / 80

农耕文化的精髓——米文化 / 83

宁可食无馔，不可饭无汤——悠久的汤文化 / 87

名家论吃

饺子——梁实秋 / 91

咸菜茨菇汤——汪曾祺 / 93

第四章　厨房里藏匿的秘密 / 95

物无定味，适口者珍——中国美食的色香味 / 96

五味杂陈，菜肴之魂——调味的艺术 / 100

有肴皆艺，无馔不工——中国菜的工艺 / 104

五花八门，各显身手——中国菜的烹饪技法 / 108

三分技术七分火——重火功的中国菜 / 112

名家论吃

"五荤伐性"——李庆西 / 115

两做鱼——梁实秋

"原汁原味"——李庆西 / 118

第五章　口腹之欲中的人文情怀 / 119
室雅客来勤——美食与环境 / 120
夫礼之初，始诸饮食——饮食礼仪 / 122
幽赏未已，高谈转清——席间雅兴 / 125
名扬四海——有雅有俗的佳肴美名 / 128
流觞曲水，野于饮食——野餐史话 / 131
名家论吃
论吃饭——朱自清 / 134
说吃——李广田 / 138

第六章　历史与文化的馈赠 / 141
菜以人传，人因菜扬——名人与名菜 / 142
庖丁解牛，各有千秋——历代名厨趣事 / 145
品味古老的饮食文化——餐饮老字号 / 147
内涵丰富，美食之源——菜单源流 / 151
食出有典——中国传统美食典故 / 154
名家论吃
"涮庐"闲话——陈建功 / 157
烧鸭——梁实秋 / 161

第七章　三餐之外的饕餮盛宴 / 163
天南地北，千滋百味——中国小吃 / 164
新颖奇特，超乎想象——中华怪吃 / 168
奇珍异馔，适可而吃——虫餐 / 171

异材适用，美味神奇——茶餐与花餐 / 174

新秦淮八绝——秦淮河畔的美味 / 177

北平的零食小贩——梁实秋 / 180

名家论吃

奇特的食物——王了一 / 185

豆汁儿——梁实秋 / 188

第八章　清茶老酒的醇芳 / 189

茶者，乃养生之道——茶的功用 / 190

中国十大名茶——十大名茶 / 193

弃"浓"择"淡"——饮茶学问 / 198

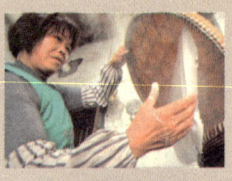

相映成趣，锦上添花——美酒与美食 / 201

过犹不及，适可而止——喝酒与养生 / 204

名家论吃

泡茶馆——汪曾祺 / 206

饮酒——梁实秋 / 212

第九章　对健康的永恒追求 / 215

崇尚健康，回归自然——食素有理 / 216

医食同源之妙——巧用药膳 / 220

不知食宜者，不足以存生——科学饮食与养生保健 / 223

名家论吃

豆腐——梁实秋 / 226

戒酒——老舍 / 228

第一章 光阴中的烟火气

饮食男女,人之大欲也

——中国人的饮食

中国人讲吃,不仅仅是一日三餐,解渴充饥,它往往蕴含着中国人认识事物、理解事物的哲理。一个小孩呱呱坠地,亲友要吃红蛋以示喜庆。"蛋"是生命的延续,"吃蛋"寄寓着中国人传宗接代的殷切厚望。每个人从周岁开始每个生日都要"吃",结婚时更要"大吃特吃",到了六十大寿,觥筹交错地庆生宴更是不可避免的喜庆之事。这些"吃"对中国人的文化心理结构也产生了深刻的影响。被人打了嘴巴叫"吃耳光",被冷落叫"吃闭门羹",混得不错叫"吃得开",一时得志叫"吃香",受到了损失叫"吃亏",而得到了好处则叫"吃了甜头"……

"吃"在中国无所不在,无往不通。这种"吃",表面上看是一种生理满足,但实际上"醉翁之意不在酒",它借吃这种形式表达了一种丰富的心理内涵。吃的文化已经超越了"吃"本身,获得了更为深刻的社会意义。亘古至今,聪明睿智的中国人将饮食上升为一种思想、一种境界,乃至一种哲理而论修身、齐家、治国、平天下。

中国人首先将饮食与生存融为一体。"饮食男女,人之大欲存焉。"儒家思想的创始人孔子还曾说过:"食、色,性也。"食,即饮食;色,即男女。人具有自然属性和社会属性。作为一个自然人,口腹之乐和男女之乐都是人的天然需要。然而,性有年龄的阶段性,而食却与人终生相伴。所以就有了"民以食为天""食为八政之首""夫礼之初,始诸饮食"以及"人生万事,吃饭第一""开门七件事,柴米油盐酱醋茶"等宏论和俗语。中国著名学者夏丏尊曾在《谈吃》中说:"吃的重要更可于国人所用的言语上证之。在中国,'吃'字的意义特别复杂,什么都会带了'吃'字来说。被人欺负曰'吃亏',打巴掌曰'吃耳光',希求非分曰'想吃天鹅肉',诉讼曰'吃官司'……相见的寒暄,他民族说'早安'、'午安'、'晚安',而中国人则说:'吃了早饭没有'?'吃了中饭没有'?'吃了夜饭没有'?衣食住行为生活四要素,人类原不能不吃。但'吃'字的意义如此复杂,吃的要求如此露骨,吃的方法如此麻烦,吃的范围如此广泛,好像除了吃以外就无别事也者,求之于全世界，这怕只有中国民族如此的了。"

中国人在饮食上更讲求享受。千百年以来，中国人心甘情愿地把大量的精力倾注在饮食之事中。菜中味、酒中趣、茶中情，无论穷富，不分贵贱，中国人都在饮食之中各得其所，各享其乐。总体来说，中国人的饮食追求，是"美味享受、饮食养生"。因此，中国是一种美性饮食观念。中国人对饮食追求的是一种难以言传的"意境"，这种意境来源于人们对菜肴美味的感觉，正所谓"色、香、味、形、器"俱全。中国饮食之所以有其独特的魅力，关键就在于它的味。

中国菜的制作过程叫烹调。烹是煮熟食物，调是五味调和。《黄帝内经》说"五味之美，不可胜极"，其核心思想是传统思想中的和为贵思想。苦、辣、酸、甜、咸的调和之味交织融合协调在一起，互相补充，互助渗透，水乳交融，形成你中有我、我中有你的调和之美，尽情地进行味觉享受。

中国人把饮食作为一种艺术，以浪漫主义的态度，追求饮食的精神享受；而西方的饮食则是一种理性饮食，西方人把饮食当成一门科学。以现实主义的态度，注重饮食的营养功能。西方人吃东西时，不论食物的色、香、味、形如何，营养一定

延伸阅读

食、色，性也。

——孔子

饮食男女，人之大欲存焉。

——《礼记·礼运》

夫礼之初，始诸饮食。

——《礼记·礼运》

王者以民为天，民以食为天，能知天之天者，斯可矣。

——管仲·《管子》

三世长者知服食。

——曹丕·《典论》

为成道业，故受此食。

——黄庭坚·《士大夫食时五观》

吃也是一种艺术。中国的饭菜注重色、形、味，这不是同中国画有一样的功能吗？当物质的一番滋味泛在口中，而精神的一番滋味泛在心头，这又是多么于人生有实益的事情啊！

——贾平凹·《陕西小吃小识录》跋

宴饮图

千百年来，中国人心甘情愿地把大量的精力倾注在饮食之事中，菜中味、酒中趣、茶中情，无论穷富，不分贵贱，中国人都在饮食之中各得其所，各享其乐。

要得到保证，讲究一天要摄取定量的热量、维生素、蛋白质以及各种微量元素等。即使口味不是很好，甚至一日三餐千篇一律，外国人也会理智地吃下去，因为他知道这些食物中有营养。对西方人来说，食物的味道则是次要的。如果加热烹调会造成营养损失，他们就半生不熟地囫囵吞下，甚至于干脆生吃。

然而，中国人并非仅因生存和享受而注重饮食。如果那样，中国人岂不都是暴殄天物、贪图口腹之欲的酒肉之徒了吗？中国历代都不乏雅饮雅食之人，安于清贫之人，节俭养生之人。

中国道家始祖老子云："治身养性者，节寝处，适饮食。"这一句"适饮食"真正使人感受到老子所追求的雅饮与雅食的意境。儒家圣人孔子虽然将饮食作为人的第一需要，"食、色，性也"，但并没有把美食作为人生的第一追求。他说："君子食无求饱，居无求安，敏于事而慎于言。"还说："士志于道而耻恶衣恶食者，未足与议也。"并以一句"饭蔬食，饮水，曲肱而枕之，乐亦在其中矣。不义而富且贵，于我如浮云"证实了自己的追求。而那句名扬千古的"廉者不受嗟来之食"，则是有气节之人的代表。中国宋代著名的美食家苏东坡就是个节俭养生之人。他曾自律曰："东坡居士自今日以往，不过一爵一肉。有尊客，盛馔则三之，可损不可增。有召我者，预以此先之，主人不从而过是者，乃止。一曰安分以养福，二曰宽胃以养气，三曰省费以养财。"

群芳吐蕊，百家争鸣

——先秦诸子的饮食文化思想

春秋战国时期是群芳吐蕊、百家争鸣的时期，各学派除了在政治问题上存在分歧以外，对饮食文化也都有各自的思考。由于对饮食文化的重视程度不同，各学派的饮食文化思想存在着很大的差异。有些学派比较重视饮食文化，饮食文化思想也比较深刻和广泛；有些学派则忽视饮食文化，饮食文化思想也比较消极和落后。在先秦诸子的饮食文化思想中，最具代表性的为儒家、墨家、道家和法家。

儒家起源于古代掌管祭祀的方士、术士，酒食是祭祀中最重要的组成部分，因此儒家是重视饮食文化的。儒家的创始人物孔子就是十分重视饮食的人，他提出的"食不厌精、脍不厌细"的观点，不知影响了多少人。不仅如此，他还将饮食作为立国的三个基本条件之一，主张统治者"节用而爱人"。不过他认为普通的民众不必如此，而是应该追求饮食的美味。

在孔子关于饮食的论述中，大多都是与祭祀有关的。比如说"割不正不食""不宿肉""祭肉出三日不食"等，都是从祭祀中总结出来的原则。祭祖的食物一定要按照规格进行切割，否则就不能食用；为国君助祭的肉食要当天吃完，不能留到第二天；家中祭祀的肉食也要在三天内吃完，三天后就不能吃了。孔子对饮食的态度就像对待祭祀一样严肃，即使对待粗糙的食物也不例外，他在《论语·乡党篇》中就表达了这样的观点："虽蔬食菜羹、瓜祭，必齐如也。"

在《论语·乡党篇》中，孔子提出了很多饮食原则，这些饮食原则在现代人看来或许没有什么，但在当时具有十分进步的意义。如放久变味的食物不能食用；烹饪不熟的食物不能食用；变色的食物不能食用；无法保证其清洁的食物不能食用；不到吃饭的时间不能进食；吃饭以主食为主，不能进食过多的肉类菜肴；酒可以喝，但以不醉为度；不能一次进食过多；进食的时候不能说话，等等。此外，孔子对食物的搭配也非常讲究。如他认为肉菜应该蘸酱而食，"不得其酱不食"，且不同的肉食要搭配不同的酱。

儒家的代表人物孟子也认为人们追求食物的美味是无可非议的。他在其著作中提到："鱼，我所欲也；熊掌，亦我所欲也。"并认为这样的欲望是非常合理的。对于某些统治者为了满足自身的口腹之欲而要求人民清心寡欲，孟子十分看不惯，他认为统治者应该施行仁政，与人民一起享受生活的乐趣。只有人民丰衣足食，社会才会和谐，统治者无权剥夺人民的口腹之欲。儒家的另一位代表人物荀子则与孟子的观点相反，认为追求美味是"人性恶"的表现，这就脱离了儒家的观点而接近法家观点了。

法家的创始人韩非子不仅不重视饮食文化的进步，而且还主张对统治者和人民区别对待。统治者可以纵酒淫乐，尽情享受美味佳肴；而人民则要勤劳节俭，无欲无求。他认为统治者追求美味是顺理成章的，国家并不会因此而衰亡。在《说疑》中，他说赵之先君敬侯"不修德行，而好纵欲，适身体之所安，耳目之所乐，冬日罼弋（畋猎取乐），夏浮淫（荡舟取乐），为长夜（夜中作乐），数日不废御觞"，但是赵国并没有因此而灭亡。

春秋战国时期，不仅食品种类很丰富，而且对饮食也已经很讲究了。孔子的饮食观很具代表性，他主张"食不厌精，脍不厌细"，并提出"肉虽多，不能胜食""食不言，寝不语"等多项主张，对中国饮食文化有着特殊的意义。

韩非子的说法也不能说全无道理，君主一人追求美食确实不足以导致国家的衰亡，但问题是统治者穷奢极欲，遭殃的往往是人民。统治者越贪图享受，对人民的剥削就会越严重。韩非子不但鼓励统治者纵欲，而且还主张提高酒肉之价，让老百姓买不起肉，强制民众节欲，这样国家才会富强。这种主张显然会受到统治者的欢迎，但却严重损害了人民的利益。

与法家不同，墨家主张君民平等，强调粮食对国君和人民同样重要。墨家的创始人墨子说："凡五谷者，民之所仰也，君之所以为养也。故民无仰则君无养，民无食则不可事。""尽也农夫之所以早出暮入，强乎耕嫁树艺，多聚菽粟，而不敢怠倦者，何也？曰：彼以强必富，不强必贫；强必饱，不强必饥，故不敢怠倦。"墨子认为，人民之所以努力工作，是受到了口腹之欲的驱遣，如果人民努力工作却满足不了口腹之欲，甚至有人饿死，那就会导致民众怨声载道，不利于统治者的统治。

墨子认为统治者应该以身作则，节制饮食，以免造成浪费。他在《辞过》中说：统治者"厚作敛于百姓，以为美食刍豢，蒸羹鱼鳖。大国累百器，小国累十器；美食方丈，目不能遍视，手不能遍操，口不能遍味，冬则冻冰，夏则饰饐。人君为饮食如此，故左右象之，是以富贵者奢侈，孤寡者冻馁，虽欲无乱，不可得也。君实欲天下治而恶其乱，当为食饮，不可不节"。

墨子的饮食思想非常质朴，代表了个体农民和小手工业者的利益。他认为食物只要能够"充虚继气，强肱股耳目聪明"就可以了，不需要追逐什么美味。在墨子看来，君王平时的饮食有一饭一菜就足够了，使用的餐具也不应该追求奢华，简陋的陶土器皿就可以满足盛放食物的需要，又何必去讲究美观呢？墨子的思想是从实用的观点出发的，反映了小生产者的朴素愿望，但实际上却是难以实现的。

相对于墨家的饮食文化思想，道家的思想要更消极。道家主张"无欲无求"，将人的各种欲望都抑制在最低点。道家的创始人老子认为，人们应该满足于最低的生活标准，而不应该有太多的欲望。道家的代表人物庄子更是主张回到太古时代，消除一切文明，重新过"茹毛饮血"的生活。他们不仅不希望饮食文化有所进步，反倒还希望向后倒退。如果真是这样，那么社会就永远都不会进步了。

至善至美，中华佳馔

——历代名宴

中国筵宴史上，有古宴，有大宴，有奇宴，有名宴，无一不是至善至美的中华佳馔。

说古宴，上古有"周代八珍宴""楚宫招魂宴""鹿鸣宴""秦末鸿门宴"，中古有"曹植平乐宴""隋炀帝龙舟宴"，唐代"烧尾宴""曲江宴"，宋代"万寿宴"，元朝"诈马宴"，清代则有举世无双的"满汉全席"等；说大宴，则有"满汉全席""国宴""孔府宴""红楼宴""素菜全席""南北全席""吴中第一宴"等；说奇宴，则有"全羊席""饺子宴""豆腐席""全蟹席""全鸭席""鳝鱼席""全狗席""海蜇宴""百虫宴""洛阳水席""椰子宴"等。

中国筵宴的命名方法也很多，如"巩昌十二体宴"为借用吉祥数字，"两淮长鱼

鹿鸣宴

鹿鸣宴为科举制度中规定的一种宴会，起于唐代，因宴会中唱《诗经》中的"鹿鸣"诗而得名。

全席"则为突出宴会主料,"八仙过海席"则是巧用成语典故,"洛阳水席"更是揭示了地方的特色,"孔府宴"宣扬了门第家风,"苍山洱海宴"颂扬了祖国大好河山,"西安仿唐宴"为仿拟古风而作,"中华世纪之宴"则具有新世纪新时代的新意。

古代名宴烧尾宴历来声名显赫,是指士子登科或官位升迁而举行的宴会。此宴出现在唐朝,距今已有1300余年了。"烧尾"一词源于唐代,有三种说法:一说是兽可变人,但尾巴不能变没,只有烧掉;二说是新羊初入羊群,只有烧掉尾巴才能被接受;三说是鲤鱼跃上龙门,必有天火把它的尾巴烧掉才能成龙。此三说都有升迁更新之意,故此宴取名"烧尾宴"。

烧尾宴的风习,始于唐中宗景龙时期,终于玄宗开元年间,仅流行了20余年。景龙三年(公元709年),韦巨源官升尚书左仆射,在家设烧尾宴奉请皇帝,肴馔丰美绝伦,世所罕见。《清异录》中记载了韦巨源设烧尾宴时留下的一份不完全的食单,使我们得以窥见这次盛筵的概貌。食单共列58种菜点,20余种糕饼点心中,仅"饼"的名目就有"单笼金乳酥""贵妃红""见风消""双拌方破饼""玉露团""八方寒食饼"等七八种之多;馄饨一项,就有24种形式和馅料……烧尾宴中的工艺菜也令人叹为观止。一道"素蒸音声部",用素菜和蒸面做成一群蓬莱仙子载歌载舞,栩栩如生,华丽壮观。菜肴则水陆八珍,尽皆入馔。从菜名到烹调均新

烧尾宴

奇别致,超乎想象。有乳煮的"仙人脔",生烹的"光明虾",活炙的"箸头春",冷拼的"五生盘",笼蒸的"葱醋鸡",油炸的"过门香",以及独具匠心的蛤蜊羹"冷蟾儿羹"……58种菜点并非烧尾的全部,已能显见此宴的奢华,无怪乎唐代另一个宰相苏瓌得官,却不向皇帝进献烧尾宴,并义正辞严地说:"宰相是辅佐皇帝治理国家的,今关中大饥,米价很贵,百姓都吃不饱,所以臣不敢烧尾。"从此,烧尾宴也就渐渐消逝了。虽然如此,烧尾宴是中国筵宴史上的一座丰碑,它上承周代八珍席,下启宋朝万寿宴和清廷满汉宴,开了豪华大宴之先河。

说宴席不能不提满汉全席。满汉全席集中华美肴佳馔之大成,是中国最豪华的超级筵席,代表着中国烹饪的最高水平。

满汉全席是中国一种具有浓郁民族特色的巨型宴席,既有宫廷菜肴之特色,又有地方风味之精华,菜点精美,礼仪讲究,风格独特。满汉全席原是官场中举办宴会时满族人和汉族人合坐的一种全席,席上菜肴一般为108种,分3天吃完。满汉全席取材广泛,用料精细,山珍海味无所不包,烹饪技艺精湛,富有地方特色。它既突出了满族菜点烧烤、火锅、涮锅等特殊风味,又展示了汉族菜肴扒、炸、炒、熘、烧的烹调特色,实乃中华菜系文化的瑰宝,有中国古代宴席之最的美誉。

如今我们的国宴与历代名宴相比又如何呢?"说起国宴,也没什么神秘的,就是规格高,礼仪性重。"曾在人民大会堂参与国宴制作的一位退休厨师,一语道出了国宴的"精髓"。

中国国宴一般都设在人民大会堂和钓鱼台,菜式基本上固定在四菜一汤,这还是当年周总理定的标准,一直延续至今。国宴的菜,汇集了全国各地的地方菜系,经几代厨师的潜心整理、改良、提炼而成,主要考虑到首长、外宾都可吃(国宴的川菜,少了麻、辣、油腻,苏州、无锡等地的菜少放了糖),同时,也将中国博大精深的饮食文化完全体现出来。

另外,河南的洛阳水席、天津的全羊席、山东的孔府宴、北京的全鸭席、上海全鸡席、无锡的全鳝席、广州的全蛇席、苏杭的全鱼席、四川的豆腐席、西安的饺子宴、佛门的全素席等都是历史悠久、享誉中外的中国名宴。

中国各地知名宴席

黑龙江：飞龙宴、康熙东巡宴、乾隆鳇鱼宴、冰雪宴、满汉全席、全羊席、豆腐席
吉林：长白山珍宴、梅花全鹿席、丰收宴、草原金秋宴
辽宁：烤肉宴、海鲜饺子宴
北京：满汉全席、乾隆御宴、千叟宴、国宴、全鸭席、红楼宴、仿膳皇家宴、华安金牛宴、百日羔羊宴、大展鸿图宴、五岳独尊宴
山东：孔府宴、王朝海珍宴、桃花宴、火锅宴、名泉宴、海情宴、大舜宴、全驴宴
河北：素菜全席、八珍全鸭席、金钗宴、仙乐宴、白洋淀全鱼宴、全鹿席
天津：满汉全席、全羊大菜席、南北全席、燕窝鱼翅重八席、鸭翅席、鸭翅六六席、海参鸡席、八大碗、四大扒、冬令四珍、津门情缘宴
河南：老京都饺子宴、洛阳水席、宫廷御宴、百年老妈火锅宴、黄河迎宾宴
甘肃：敦煌宴、金城籽瓜宴
山西：晋商宴、皇城翰林宴
陕西：烧尾宴、探春宴、裙幄宴、柏梁宴、新进士曲江游宴、贵妃宴、唐宫小吃宴、饺子宴、百花宴、牡丹宴、龙凤宴、唐诗全鸭宴、长安八景宴
浙江：安吉百笋宴、湖州百鱼宴、红泥唐诗宴、天堂盛宴、钱塘家宴、金樽宴、龙虾宴、吴中第一宴、开国第一宴、金鼎世纪宴、五马鸿华宴
江苏：船宴、斋席、全鱼席、全蟹席、鳝鱼席、全狗席、海蜇宴、满汉全席、红楼宴、三头宴、鉴真素宴、全羊席、全藕席、汪氏家宴、板桥宴、梅兰宴、金陵全鸭宴、哈哈蟹宴、荣华宴、江南春宴
上海：上海百鸡宴、总统宴、菊黄蟹肥宴、南国风味宴
福建：悦华贵宾宴、佛跳墙全席、茶宴、蛇宴、文公宴、幔亭宴、妈祖宴、福州龙宴
广东：荔枝宴、龙趸宴、石头宴、新兴南粤全羊宴、凤凰鲍翅宴
安徽：尹氏饺子宴、徽州名人宴、黄山松鹤宴
湖南：主席宴、全鱼宴、梅山金牛宴、得月喜宴
湖北：楚才宴
江西：味道风情宴、百花宴、麒麟小满汉、腾阁海之韵宴、赣之韵宴、中华酱鸭第一宴、名人金秋螃蟹宴、钟鸣鼎食宴、开门宴、药都药膳宴、桂花村迎宾宴、阳明宴、凤凰宴、民间风情宴、鄱湖鱼宴、聚贤吟风宴、庐山名宴、豆腐宴、农家宴、井冈宴、客家宴
四川：九斗碗、鲟鱼宴、官府精品宴、火锅宴、归真宴、蜀江春全牛席、钓鱼城宴、孔明宴、国宾宴、蜀珍宴、鹤寿宴、长生宴
贵州：竹香宴
西藏：雪域风情宴
云南：百虫宴
广西：全鱼席、全牛席、全羊席、全狗席、三缘饺子宴、海皇宴、壮乡宴、山水米粉宴
海南：椰子宴
台湾：茶叶宴、新三国宴、秋之飨宴
香港：盆菜宴

八珍百馐，皇歆帝飨

——宫廷御膳

上古三代直至晚清，中国历朝历代君王均深知健康长寿源于口，对饮食甚是讲究。古语云"食饮必稽于本草"。从夏至清，各朝都设有食官和御膳，专门调配帝后饮食。御厨利用王室的优越条件，取精用宏，精烹细做，世代相续，形成了历史最久、规格最高、最有风味特色的中菜骄子——宫廷御膳。

几千年前的周代天子之飨已是异常讲究。据《周官》记载："王之食用稻、黍、稷、粱、麦、苽六谷，膳用马、牛、羊、豕、犬、鸡六牲，饮用水、浆、醴、醇、醫、酏六清，馐共百二十品，珍用八物，酱则百二十瓮。"汉代宫廷宴"烹羊宰肥牛"，进餐时还颇有雅兴，有钟磬的伴奏。隋代宫廷御膳见诸记载的有谢讽《食经》中的53种肴馔。谢讽为隋炀帝的尚食直长，对隋炀帝的御膳自然是了如指掌。"飞鸾脍""剔缕鸡""龙须炙""千金碎香饼子""花折鹅糕""香翠鹑羹""鱼脍""藏蟹""无忧腊"……这些菜点不仅名称华丽，颇具皇家气派，而且制作工艺也令人感叹。唐代，饮食业有了很大的发展，声名显赫的"烧尾宴"即是最佳代表。"浑羊殁忽""消灵炙""红虬脯""遍地锦装鳖""驼蹄羹""百花糕""水晶龙凤糕""清风饭""王母饭"等都是唐代宫廷宴中名贵的菜点，皇帝常以此赏赐皇亲国戚、文武大臣。唐代宫廷御膳尽管华贵非常，但进食礼仪并不如清代宫廷宴那样严格专制，唐玄宗就有为"一代诗仙"李白调羹的饮食佳话。宋代宫廷饮食北南差异很大，北宋之时，宫廷饮食比较简约，多吃羊肉和面食。有一次，宋仁宗设宴，席上有新蟹一品共28枚，需要28千钱，因嫌太贵而舍弃不用。南宋高宗以后，宫廷饮食日益奢侈靡费，使人叹为观止。蒙古族人建立的元朝疆域辽阔，其宫廷饮食除以蒙古族肴馔为主外，还汲取了汉族、西域、印度、阿拉伯、欧洲等民族饮食的精华。曾著有《饮膳正要》的忽思慧是元代宫廷太医，其中收录了大量的元代宫廷菜点，可见元宫廷饮食文化的那种蒙古族食风和异国情调。明代皇朝定都北京，但因皇帝与多数大臣都来自南方，所以北国宫廷饮食却有着明显的南国色彩。《明宫史》中有载:"先帝最喜用炙蛤蜊,炒鲜虾,田鸡腿及笋鸡脯。又海参、鳆鱼、鲨鱼筋、肥鸡、猪蹄筋共烩一处,名曰'三事',恒喜用焉。"明代宫廷还十分重视饮食的时序性和节令食俗,其中许多应时应景的食俗,一直延续到了今天。

历代宫廷御膳,南北荟萃,集海内名肴之大成,而如今比较完整流传下来的宫廷宴,只有清宫御膳。清宫御膳积前代之经验,集全国饮食之精华,达到了登峰造极的地步。

清宫御膳的最大特点就是奢侈糜费。清宫紫禁城里有大大小小数不清的膳房,最大的为皇帝服务的叫"御膳房"。御膳房不限一处,在职人员有多少也无从统计,仅"养心殿御膳房"一处就有几百人,可见其机构之庞大,人员之众。皇帝每天食物的份例就有:盘肉五十斤,猪一口、羊一只、鸡鸭各二只,山珍海味、干鲜果品更是不计其数。各宫嫔妃也有数量不等的份例。除此之外,各地的奇珍异食也是源源不断,就连喝的水都是每天从几十里外的玉泉山拉进紫禁城的。若逢节庆之日,其挥霍浪费程度更是令人瞠目结舌。

清宫御膳集聚人间美味,荟萃天下名厨,菜肴制作精细、软嫩清鲜,具有色、香、味、形、器五美俱全的特点。从选料上看,清宫御膳用料奇异珍贵,非他朝可比。菜肴"一品麒麟面"用"四不象"即麋鹿的头面制成,"明月照金凤"用鹿的眼珠制成,"清汤虎丹"则是用小兴安岭雄虎睾丸制成的。西太后慈禧的一个菜单上就有燕窝、熊掌、天鹅、哈什蚂、

芦雁、鹿脯等名贵的物产。清宫御膳的烹调也是非常严格的，御厨们个个身怀绝技，所做的奇珍异品如果不见诸记载，是很难令人相信的。

此处，清代宫廷御膳非常注重肴馔的图案造型，菜肴要像盆景一样美观悦目。"皇帝不吃寡妇菜"，即御膳要由两种或两种以上的菜肴品种拼制组合而成。清宫御膳的命名也带有皇家气派，宫廷御膳菜的每一样菜肴和宴席都冠以一个吉祥富丽的名称，如龙凤呈祥、金凤卧雪莲、宫门献鱼、鹤鹿同春、百鸟朝凤、嫦娥痴情、麒麟送子、雪日桃花、全家福等菜肴，万寿无疆席、江山万代席、福禄寿喜席等宴席都具有明显的宫廷特征和喜庆吉祥的色彩。清宫御膳的餐具也都色泽华贵、造型古雅特异，有金、银、玉石、水晶、玛瑙、珊瑚、犀角、玳瑁、象牙等，还有大量官窑特制的精美瓷器。现在北京故宫博物院的"珍宝馆"内陈列的清代"宁寿宫"慈禧膳食用餐具，仅金、银、象牙、玉石等材料制作的就有1500多件，其中金质餐具重291千克，银质餐具重530千克。

宫廷御膳多为糕点面食与干鲜果品，烧、烤、焖、煮技法烹制的菜肴居多。宫廷菜肴原料、配方、调料都固定不变，御膳房将使用的调料等详细记入菜单。不论何时何地，皇帝吃的一切菜点不许改变味道，这是宫中一贯的旧例。并且，依照礼制，皇帝都是单独进膳，即使偶尔有后妃陪膳，也要遵君臣之礼，岂有欢宴的乐趣呢？正如溥仪所说的："华而不实，费而不惠，营而不养，淡而无味。"

紫光阁赐宴图　清　姚文瀚

乾隆二十六年（1761年），紫光阁修缮完成。次年正月，乾隆在此设宴庆功，王公贵族、文武大臣等百余人出席。此图描绘了当时宴庆的盛景。

中华美味，异域扬名

——走向世界的中国菜

古人云："民以食为天。"国人一向对吃是极为考究的，所以中国的饮食文化源远流长，博大精深。经过数千年的沉淀堆积，至今已成以八大菜系为主的饮食文化，不仅是中华民族文化宝库中一颗璀璨的明珠，也是世界文明的瑰宝。集天下之精华的中国菜异彩纷呈，数不清的小吃更是丰富精萃。无怪乎百年前孙中山先生就在《建国方略》中说过，"我中国近代文明进化，事事皆落人之后，唯饮食一道之进步，至今尚为文明各国所不及。中国所发明之食物，固大盛于欧美；而中国烹调法之精良，又非欧美所可并驾"。

中国菜在长期发展过程中，形成了自己独具一格的烹调技艺与富有民族风格传统的饮食风貌。不仅有色、香、味、形俱全及品种多样的美食，而且对于吃饭、做饭用的各种饮食烹饪器具，也同样讲究造型精美，质地上乘，典雅别致。除了美食配美器之外，还要配以抑扬顿挫、入耳动听的优美音乐……在中国，吃是一种享受。

早在秦汉时期，中国就开始了饮食文化的对外传播。据《史记》《汉书》等记载，西汉张骞出使西域时，就通过丝绸之路同中亚各国开展了经济和文化的交流活动。张骞等人除了从西域引进了胡瓜、胡桃、胡荽、胡麻、胡萝卜、石榴等物产外，也把中原的桃、李、杏、梨、姜、茶叶等物产以及饮食文化传到了西域。中国传统烧烤技术中有一种啖炙法，也通过丝绸之路传到了中亚和西亚，最终在当地形成了人们喜欢吃的烤羊肉串。汉代的时候，中国人卫满曾一度在朝鲜半岛称王，此时中国的饮食文化对朝鲜半岛的影响最深。朝鲜人习惯使用筷子吃饭，朝鲜人的烹饪原料、饭菜的搭配，都明显地带有中国的特色。甚至在烹饪理论上，朝鲜也讲究中国的"五味""五色"等说法。

受中国饮食文化影响更大的国家是日本。唐朝著名高僧鉴真应日本之邀，出生入死6次东渡日本，把中国的饮食文化带到了日本，日本人吃饭时使用筷子就是受中国的影响。鉴真还带去了干薄饼、干蒸饼、胡饼等糕点的制作工具和技术,当时在日本市场上能够买到的唐果子就有20多种。之后,在中国的日本留学生几乎把全套的中国岁时食俗带回了本国,如元旦饮屠苏酒、正月初七吃7种菜、三月上巳摆曲水宴、五月初五饮菖蒲酒、九月初九饮菊花酒等。唐时,日本还从中国引入了面条、馒头、饺子、馄饨和制酱法等。清代,中国僧人黄檗宗将素食菜肴带到日本,被日本人称之为"普茶料理"。之后,中国荤素菜肴传入日本,被日本人称为"卓袱料理"。卓袱料理对日本的餐饮业影响很大,它的代表菜如"胡麻豆腐""松肉汤"等,至今仍是日本人的最爱。

元代,意大利人马可·波罗来到了中国。在他的《马可·波罗游记》上记载了许多中国美食。他对中国的面条有着浓厚兴趣,不但吃得津津有味,而且把学到的手工带回他的祖国,成为意大利通心粉。他回去时还带着中国的调味料和食品,使中国菜进入欧洲大陆。

明代,郑和七下西洋,出行了亚非等30多个国家和地区,随行人数众多,与各国进行了政治、经济以及烹饪文化的交流与传播,中国菜进一步扩大了影响。

清代,西方游人赫氏在道光年间曾游历中国各地并且到达了西藏,其所著的游记中盛赞中国菜。他说:"中国文明之先端,饮食尤以中国调味为世界之冠",而海

中国菜越来越受到外国人的欢迎。

名扬海外的中国菜点

满汉全席、全鸭席、全羊席、北京烤鸭、涮羊肉、鱼香肉丝、宫保鸡丁、麻婆豆腐、东坡肘子、葱爆海参、九转大肠、拔丝红薯、南煎丸子、樟茶鸭子、锅巴肉片、回锅肉、蚂蚁上树、水煮肉片、狮子头、松鼠鳜鱼、无锡肉骨头、一品汽锅鸡、南京盐水鸭、常熟叫化鸡、三套鸭、烤乳猪、梅菜扣肉、文昌鸡、祖庵鱼翅、东安子鸡、虎皮毛豆腐、合肥曹操鸡、李鸿章杂烩、西湖醋鱼、砂锅鱼头豆腐、龙井虾仁、荷叶粉蒸肉、太极芋泥、佛跳墙、糖醋鲤鱼、干煸四季豆、海带炖豆腐、番茄肉片

狗不理包子、桂发祥麻花、耳朵眼炸糕、京东馅饼、煎饼果子、红油抄手、担担面、酸辣汤、棒棒鸡、龙须面、赖汤圆、夫妻肺片、小笼包子、五香豆腐干、灌肠、爆肚、茶汤、豆汁、驴打滚、艾窝窝、油饼、豆浆、年糕、炸糕、豆腐脑、茶汤、豌豆黄、刀削面、兰州清汤牛肉面、牛羊肉泡馍、凉皮、烤羊肉串、手抓饭、城隍庙梨膏糖、宁波汤团、翡翠烧卖、桂林米粉、过桥米线、云吞面、沙河粉

外盛传中国饮食之风的原因在于"中国烹饪法之精良,又非欧美所可并驾",中国菜"比之今日欧美最高明医学卫生家所发明之最新新学理更高明"。

中国菜传到美洲大陆大约在19世纪中期,较早一批中餐馆是1867年在加拿大渥太华和1870年在美国旧金山出现的。随着中国与世界各国文化交流的日益频繁,中国菜更加受到世界各国人民的欢迎。

中国的烹饪文化经久不衰,从远古以来一步步地登上了光荣的殿堂。尤其是近年来,随着中国改革开放步伐的加快,东西文化交流的日益深入,中国烹饪文化作为中国传统文化遗产中璀璨的一颗明珠,受到了世界各国人民的青睐。亚洲的邻近国家可谓"近水楼台先得月",中国菜已经遍及亚洲各国。在日本约有数万家中国餐馆,其中东京及横滨就占一半多,特别是横滨的中华街,中国料理店及中国风味食品店鳞次栉比,非常有特色。在美国有数万家中国餐馆,在唐人街,随处可见中餐馆及中国食品店。在欧洲,法国、英国、荷兰、比利时、西班牙等国,中餐馆遍布城区及沿海各旅游景区。色香味俱佳是中国菜遍及全世界的最重

要的原因。在美国，有无数人为其所倾倒。大数学家陈景润先生在普林斯顿大学时，经常会前往纽约市唐人街的中国餐馆吃饭。他说那里的中国餐馆大多面积不大，里面却密密麻麻地放满了桌子，坐满了人。而等候吃饭的人，从餐馆里面排长队直到大门口，其中虽然有中国人，但更多的还是美国人。如果运气不好的话，吃一顿饭很可能要等上两三个小时。由此可见中国菜在美国是非常受欢迎的。

中国菜烹调中多选用新鲜蔬菜，肉用得不多，而炒的烹调技法还保留了蔬菜的养分。据报道，美国营养学家赫尔曼认为中国菜大多为植物油烹饪的新鲜蔬菜，配上各类杂粮主食，再加上姜、葱、蒜、辣椒、胡椒等具有杀菌清脂作用的佐料，对人体是非常有益的。另外，中国饮食养生、食疗食补和药膳等独具中国特色的菜肴更是备受外国友人的青睐。

名家论吃

中国人的饮食
——林语堂

你们吃什么？常常会有人提出这样的问题。我们答之，凡是地球上能吃的东西我们都吃。出于爱好，我们吃螃蟹；由于必要，我们又常吃草根。经济上的需要是我们发明新食品之母。我们的人口太多，而饥荒又过于普遍，不得不吃可以到手的任何东西。于是，以下事实便非常合乎情理：在实实在在地品尝了一切可吃的东西之后，像科学或医学上的许多发现都是出于偶然一样，我们也可能有意外的发现。比如，我们已经发现了一种具有神奇的滋补健身效用的人参，我本人愿意用自己的亲身体会来证明它是人类所知具有长效的最具滋养价值的补剂，它对身体的作用来得既缓慢又温和。撇开这种在医药或烹饪上都有重要意义的偶然发现不论，毋庸置疑，我们也是地球上惟一无所不吃的动物。只要我们的牙齿还没掉光，我们就会继续保持这个地位。也许有一天，牙科医生会发现我们作为一个民族，具有最为坚固的优良牙齿。既然我们有天赐的一口好牙，且又受着饥荒的逼迫，我们就没有理由不可以在民族生活的某一天发现炒甲虫和油炸蜂蛹是美味佳肴。我们惟一没有发现也不会去吃的食品是奶酪。蒙古人没法开导我们去吃，欧洲人的劝说也未见得会奏效。

在食品问题上，运用逻辑推理是行不通的。吃什么与不吃什么，这完全取决于人们的偏见。大西洋西岸，两种水生贝壳都是很普遍的，一种是软壳的蛤——海蜊，另一种是可吃的贻贝类，紫壳菜。这两种软体动物生在大西洋两岸，但种类相同。据查尔斯·汤森德博士的权威著作所述，欧洲兴吃贻贝，而不兴吃蛤子；在美洲，情形恰恰相反。汤森德博士还提到，比目鱼在英格兰和波士顿是以高昂的价格出售的，而纽芬兰的乡下人则认为这种东西"不宜食用"。我们像欧洲人一样吃贻贝,像美国人一样吃蛤子,但我们不会像美国那样生吃牡蛎。任何人都不能使我信服蛇肉的鲜美不亚于鸡肉这一说法。我在中国生活了四十年,一条蛇也没有吃过,也没有见过我的任何亲友吃过。吃蛇肉的故事传播起来要比吃鸡肉的故事快得多,但事实上我们吃过的鸡要比白人多且更有味。吃蛇肉对中国人和西方人同样是一件稀罕事儿。

我们只能说,中国人的趣味十分广泛,任何一个有理性的人都可以从中国人的饭桌上取走任何品种的食物去品尝而不必疑神疑鬼。饥荒是不会让我们去挑肥拣瘦的,人们在饥饿的重压之下,还有什么东西不可以吃呢?没有尝过饥饿滋味的人是没有权利横加指责的。我们中还曾经有人在饥荒难熬之际烹食婴孩呢——尽管这种情形极为罕见——不过,谢天谢地,我们还没有像英国人吃牛肉那样,把婴孩生吞活嚼了!

如果说还有什么事情要我们认真对待,那末,这样的事情既不是宗教也不是学识,而是"吃"。我们公开宣称"吃"是人生为数不多的享受之一。这个态度问题是至关重要的,因为除非我们老老实实地对待这个问题,否则我们永远也不可能把吃和烹调提高到艺术的境界上来。在欧洲,法国人和英国人各自代表了一种不同的饮食观。法国人是放开肚皮大吃,英国人则是心中略有几分愧意地吃。而中国的美食家在饱口福方面则倾向于法国人的态度。

英国人不郑重其事地对待饮食,而把它看作一件随随便便的事情,这种危险的态度可以在他们的国民生活中找到证据。如果他们知道食物的滋味,他们的语言中就会有表达这一含义的词语,英语中原本没有"cuisine"(烹饪)一词,他们只有"cooking"(烧煮);他们原本没有恰当的词语去称呼"chef"(厨师),而是直截了当地称之为"cook"(伙夫);他们原本也不说"menu"(菜肴),只是称之为"dishes"(盘装菜);他们原本也没有一个词语可以用来称呼"gourmet"(美食家),就不客气地用童谣里的话称之为"Greedy Gut"(贪吃的肚子)。事实上,英国人并不承认他们自己有胃。除非胃部感到疼痛,否则他们是不会轻易在谈话中提起的。结果,当法国人打着一种对英国人来说不太谦逊的手势谈论他们厨师的烹调时,英国人却不敢冒着损害他们优美语言之险去谈起他们的伙夫烧的饭菜。如果他被他的法国主人刨根究底地追问之后，他或许会从牙缝里挤出一句"布丁是极好的"，就蒙混过关了。如果布丁好吃，那末必定有其好吃的理由，对于这些问题，英国人不屑一顾。英国人所感兴趣的，是怎样保持身体的健康与结实，比如多吃点保卫尔（Bovril）牛肉汁，从而抵抗感冒的侵袭，并节省医药费。

然而，如果人们不愿意就饮食问题进行讨论和交换看法，他们就不可能去发展一个民族的技艺。学习怎样吃的第一个要求是先就这个问题聊聊天。只有一个社会中有文化有教养的人们开始询问他们的厨师的健康状况，而不是寒暄天气，这个社会里的烹调艺术才会发展起来。未吃之前，先急切地盼望，热烈地讨论，然后再津津有味地吃。吃完之后，便争相评论烹调的手艺如何，只有这样才算真正地享受了吃的快乐。牧师可以在讲坛上无所顾忌地斥责牛排味道难闻，而学者则可以像中国的文人那样著书专论烹调艺术。在我们得到某种特殊的食品之前，便早就在想念它，在心里盘算个不停，盼望着同我们最亲近的朋友一起享受这种神秘的食品。我们这样写请柬："我侄子从镇江带来了一些香醋和一只老尤家的正宗南京板鸭。"或者这样写："已是六月底了，如果你不来，那就要等到明年五月才能吃到另一条鲥鱼了。"秋月远未升起之前，像李笠翁这样的风雅之士，就会像他自己所说的那样，开始节省支出，准备选择一个名胜古迹，邀请几个友人在中秋朗月之下，或菊花丛中持蟹对饮。他将与知友商讨如何弄到端方太守窖藏之酒。他将细细琢磨这些事情，好像英国人琢磨中彩的号码一样。只有采取这种精神，才能使我们的饮食问题达到艺术的水准。

我们毫无愧色于我们的吃。我们有"东坡肉"又有"江公豆腐"。而在英国，"华兹华斯牛排"或"高尔斯华绥炸肉片"则是不可思议的。华兹华斯高唱什么"简朴的生活和高尚的思想"，但他竟然忽视了精美的食品，特别是像新鲜的竹笋和蘑菇，是简朴的乡村生活的真正欢乐之一。中国的诗人们具有较多功利主义的哲学思想。他们曾经坦率地歌咏本乡的"鲈脍莼羹"。这种思想被视为富有诗情画意，所以在官吏上表告老还乡之时常说他们"思吴中莼羹"。这是最为优雅的辞令。确实，我们对故乡的眷恋大半是因为留恋儿提时代尽兴的玩乐。美国人对山姆大叔的忠诚，实际是对美国炸面饼圈的忠诚；德国人对祖国的忠诚实际是对德国油炸发面饼和果子蛋糕的忠诚。但美国人和法国人都不承认这一点。许多身居异国他乡的美国人时常渴望故乡的熏腿和香甜的红薯,但他们不承认是这些东西勾起了他们对故乡的思念,更不愿意把它们写进诗里。

我们中国人对待饮食的郑重态度,可以从许多方面看出来,任何人翻开《红楼梦》或者中国的其他小说,将会震惊于书中反复出现、详细描述的那些美味佳肴,比如黛玉的早餐和宝玉的夜点。郑板桥在写给弟弟的信中,如此颂扬了米稀饭:

天寒冰冻时,穷亲戚朋友到门,先泡一大碗炒米送手中,佐以酱姜一碟,最是暖老温贫之具。暇日咽碎米饼,煮糊涂粥,双手捧碗,缩颈而啜之,霜晨雪早,得此周身俱暖。嗟乎!嗟乎!吾其长为农夫以没世乎!

总的来说,中国人领受食物像领受性、女人和生活一样。没有一个英国诗人或作家肯屈尊俯就,去写一本有关烹调的书,他们认为这种书不属于文学之列,只配让苏珊姨妈去尝试一下。然而,伟大的戏曲家和诗人李笠翁却并不以为写一本有关蘑菇或者其他荤素食物烹调方法的书,会有损于自己的尊严。另外一位伟大的诗人和学者袁枚写了厚厚的一本书,来论述烹饪方法,并写有一篇最为精彩的短文描写他的厨师。他描述他的厨师,就像亨利·詹姆斯描述他的英国大管家一样,这也是一位颇有尊严,在自己的专业方面又很有造诣的人,在所有的英国人中,H.G.威尔斯最有可能撰写一篇同样的文章,但是很明显,他写不出来,至于那些不如威尔斯博学多识的人,就更没什么指望了。法郎士则是袁枚这种类型的作家,他也许会在致密友的信中给我们留下炸牛排或炒蘑菇的菜谱,但我却怀疑他是否能把它当作自己文学遗产的一部分传给后人。

中国的烹饪有两点有别于西方:其一,我们吃东西是吃它的组织肌理,它给我们牙齿的松脆或富有弹性的感觉,以及它的色、香、味。李笠翁自称为"蟹奴",因为蟹集色、香、味三者于一身。所谓"组织肌理"的意思,很少有人领会,但是我们应该知道,竹笋之所以深受人们青睐,是因为嫩竹能给我们牙齿以一种细微的抵抗。品鉴竹笋也许是辨别滋味的最好一例。它不油腻,有一种神出鬼没般难以捉摸的品质。不过,更重要的是,如果竹笋和肉煮在一起,会使肉味更加香浓,猪肉尤其如此。另一方面，它本身也会吸收肉的香味。这是中国烹饪有别于西方的第二点，即味道的调和。整个中国烹饪法，就是仰仗着各种品味的调和艺术。虽然中国人承认许多食物（像鲜鱼）就得靠其本身的原汁烹煮，但总的来讲，他们在将各种品味调和起来这方面，远比西方人做得多。例如，如果你没有吃过白菜煮鸡，鸡味渗进白菜里，白菜味钻进鸡肉中，你不会知道白菜的美味。根据这个味道混合的原则，可以烹调出许多精美可口的混合菜肴来。像芹菜，可以生吃，也可以单炒。然而，如果中国人在西方人的宴会上看到菠菜、胡萝卜之类也被分别烹煮，而且与猪肉或烧鹅放在同一个盘子里，他们未免会嘲笑这些野蛮人。

中国人在绘画和建筑方面的分寸感是十分敏锐的，但在吃东西时，这种分寸感似乎都被抛在脑后了。他们一旦围坐在饭桌前，就只管尽情地吃个痛快。任何大菜，如全鸭，往往是在上了十二三道菜之后才送上来。按道理，这一只鸭子也就足够人们饱饱地美餐一顿了。但他们何以在十二三道菜之后还能够将它吃下去呢？这一方面是因为那些虚伪的客套；另一方面，在用膳的过程中，一道菜一道菜地慢慢送上来，在此期间，客人们要行各种酒令，或作诗填词，这自然就拖长了时间，使胃中的食物有机会得到消化。中国政府官员的低效率，很有可能就是由于所有这些官老爷每晚都要不近人情地例行应酬三四个宴会所直接引起的。在这些宴会上，只有四分之一的食物是用来滋养他们的身体，其余四分之三的食物只会戕害他们的身心健康，这就是富人反而多病的缘由。像肝病或肾病，当官员们感到有必要退出政治舞台，就在报上公布这些疾病，作为最现成的托辞。

尽管中国人有可能从西方人那里学到许多如何恰如其分地安排宴会的理论和方法，但中国人却在饮食方面也像在医药方面一样，有许多有名的极好的菜谱可以教给西方人。像普通菜肴（如白菜和鸡）的烹调，中国人有丰富的经验可以传到西方去，如果西方人准备谦恭地学习的话。然而，在中国建造了几艘精良的军舰，有能力猛击西方人的下巴之前，恐怕还做不到。但只有那时，西方人才会承认我们中国人是毋庸置疑的烹饪大家，比他们要强许多。不过，在那个时候到来之前就谈论这件，却是白费口舌。在上海的租界里有千百万英国人，从未踏进中国的餐馆，而中国人又拙于招徕顾客。我们从来不强行拯救那些不开口请求我们帮助的人。况且我们又没有军舰，即使有了军舰，也不屑于驶入泰晤士河或密西西比河，用枪将英国人或美国人射死，违背他们的意志，将他们送进天堂。

至于各种饮料，我们生来就很有节制，只有茶是例外。由于酒类饮料较为缺乏，我们很少能在街上看到酒鬼。饮茶本身就是一门学问。有些人竟达到迷信茶的地步。有不少有关饮茶的专门书籍，正如有不少有关焚香、酿酒饮酒和房屋装饰用石的书一样。饮茶为整个国民的日常生活增色不少。它在这里的作用，超过了任何一项同类型的人类发明。饮茶还促使茶馆进入人们的生活，相当于西方普通人常去的咖啡馆。人们或者在家里饮茶，或者去茶馆饮茶；有自斟自饮的，也有与人共饮的；开会的时候喝茶，解决纠纷的时候也喝；早餐之前喝，午夜也喝。只要有一只茶壶，中国人到哪儿都是快乐的。这是一个普遍的习惯，对身心没有任何害处。不过也有极少数的例外，比如在我的家乡，据传说曾经有些人因为饮茶而倾家荡产。这只可能是由于喝上好名贵的茶叶所致，但一般的茶叶是便宜的，而中国的一般茶叶也能好到可供一位王子去喝的地步。最好的茶叶是温和而有"回味"的，这种回味在茶水喝下去一二分钟之后，化学作用在唾液腺上发生之时就会产生。这样的好茶喝下去之后会使每个人的情绪都为之一振，精神也会好起来。我毫不怀疑它具有使中国人延年益寿的作用，因为它有助于消化，使人心平气和。

茶叶和泉水的选择，本身也是一种艺术。这里我想举十七世纪初的一位学者张岱为例。他写了文章谈论他自己品尝茶和泉水的艺术，从中可以看出，他是当时一位伟大而不可多得的行家：

周墨农向余道闵汶水茶不置口。戊寅九月至留都，抵岸，即访闵汶水于桃叶渡。日晡，汶水他出，迟其归，乃婆娑一老。方叙话，遽起曰："杖忘某所。"又去。余曰："今日岂可空去？"迟之又久，汶水返。更定矣，睨余曰："客尚在耶，客在奚为者？"余曰："慕汶老久，今日不畅饮汶老茶，决不去。"汶水喜，自起当垆。茶旋煮，速如风雨。导至一室，明窗净几，荆溪壶、成宣窑瓷瓯十余种皆精绝。灯下视茶色，与瓷瓯无别，而香气逼人。余叫绝，问汶水曰："此茶何产？"汶水曰："阆苑茶也。"余再啜之，曰："莫绐余，是阆苑制法而味不似。"汶水匿笑曰：

"客知是何产？"余再啜之，曰："何其似罗蚧甚也！"汶水吐舌曰："奇！奇！"余问："水何水？"曰："惠泉"。余又曰："莫绐余，惠泉走千里，水劳而圭角不动，何也？"汶水曰："不复敢隐。其取惠水，必淘井，静夜候新泉至，旋汲之，山石磊磊籍瓮底，舟非风则勿行，故水之生磊。即寻常惠水，犹逊一头地，况他水邪？"又吐舌曰："奇！奇！"言未毕，汶水去。少顷，持一壶满斟余曰："客啜此！"余曰："香扑烈，味甚浑厚，此春茶耶？向瀹者是秋采。"汶水大笑曰："余年七十，精赏鉴者无客比。"遂定交。

这种艺术现在几乎失传了，只有少数几位古老艺术的爱好者和行家除外。过去，在中国火车上是很难尝到好茶的，即使一等车厢也一样，那儿只有或许是最不合我口味的李普顿茶，而且还掺着牛奶和糖。李普顿爵士来上海访问时，受到当地一位富人的款待。他想喝一杯中国茶，却不能如愿。人家给他喝了李普顿茶，加奶，加糖。

谈吃

——夏丏尊

说起新年的行事，第一件在我脑中浮起的是吃。回忆幼时一到冬季就日日盼望过年，等到过年将届就乐不可支，因为过年的时候有种种乐趣，第一是吃的东西多。

中国人是全世界善吃的民族。普通人家，客人一到，男主人即上街办吃场，女主人即入厨罗酒浆，客人则坐在客堂里口磕瓜子，耳听碗盏刀俎的声响，等候吃饭。吃完了饭，大事已毕，客人拔起步来说"叨扰"，主人说"没有什么好的待你"，有的还要苦留："吃了点心去"，"吃了夜饭去"。

遇到婚丧，庆吊只是虚文，果腹倒是实在。排场大的大吃七日五日，小的大吃三日一日。早饭、午饭、点心、夜饭、夜点心，吃了一顿又一顿，吃得来不亦乐乎，真是酒可为池，肉可成林。

过年了，轮流吃年饭，送食物。新年了，彼此拜来拜去，讲吃局。端午要吃，中秋要吃，生日要吃，朋友相会要吃，相别要吃。只要取得出名词，就非吃不可，而且一吃就了事，此外不必有别的什么。

小孩子于三顿饭以外，每日好几次地向母亲讨铜板，买食吃。普通学生最大的消费不是学费，不是书籍费，乃是吃的用途。成人对于父母的孝敬，重要的就是奉甘旨。中馈自古占着女子教育上的主要部分。"食不厌精，脍不厌细"，"沽酒，市脯"，"割不正"，圣人不吃。梨子蒸得味道不好，贤人就可以出妻。家里的老婆如果弄得出好菜，就可以骄人。古来许多名士至于费尽苦心，别出心裁，考案出好几部特别的食谱来。

不但活着要吃，死了仍要吃。他民族的鬼只要香花就满足了，而中国的鬼仍依旧非吃不可。死后的饭碗，也和活时的同样重要，或者还更重要。普通人为了死后的所谓"血食",不辞广蓄姬妾,预置良田。道学家为了死后的冷猪肉,不辞假仁假义,拘束一世。朱竹宁不吃冷猪肉,不肯从其诗集中删去《风怀二百韵》的艳诗,至今犹传为难得的美谈,足见冷猪肉牺牲不掉的人之多了。

不但人要吃,鬼要吃,神也要吃,甚至连没嘴巴的山川也要吃。有的但吃猪头,有的要吃全猪,有的是专吃羊的,有的是专吃牛的,各有各的胃口,各有各的嗜好,古典中大都详有规定,一查就可知道。较之于他民族的对神只作礼拜,他民族的神,远是唯心,中国的神远是唯物,似乎都是主张马克思学说的。

梅村的诗道"十家三酒店",街市里最多的是食物铺。俗语说"开门七件事",家庭中最麻烦的不是教育或是什么,乃是料理食物。学校里最难处置的不是程度如何提高,教授如何改进,乃是饭厅风潮。

俗语说得好,只有"两脚的爷娘不吃,四脚的眠床不吃"。中国人吃的范围之广,真可使他国人为之吃惊。中国人于世界普通的食物之外,还吃着他国人所不吃的珍馐:吃西瓜的实,吃鲨鱼的鳍,吃燕子的窠,吃狗,吃乌龟,吃狸猫,吃癞虾蟆,吃癞头鼋,吃小老鼠。有的或竟至吃到小孩的胞衣以及直接从人身上取得的东西。如果能够,怕连天上的月亮也要挖下来尝尝哩。

至于吃的方法,更是五花八门,有烤,有炖,有蒸,有卤,有炸,有烩,有醉,有炙,有熘,有炒,有拌,真正一言难尽。古来尽有许多做菜的名厨师,其名字都和名卿相一样煊赫地留在青史上。不,他们之中有的并升到高位,老老实实就是名卿相。如果中国有一件事可以向世界自豪的,那么这并不是历史之久,土地之大,人口之众,军队之多,战争之频繁,乃是善吃的一事。中国的肴菜已征服了全世界了。有人说中国人有三把刀为世界所不及,第一把就是厨刀。

不见到喜庆人家挂着的福禄寿三星图吗?福禄寿是中国民族生活上的理想。画上的排列是禄居中央,右是福,寿居左。禄也者,拆穿了说就是吃的东西。老子也曾说过:"虚其心实其腹","圣人为腹不为目。"吃最要紧,其他可以不问。"嫖赌吃着"之中,普通人皆认吃最实惠。所谓"着威风,吃受用,赌对冲,嫖全空",什么都假,只有吃在肚里是真的。

吃的重要更可于国人所用的言语上证之。在中国,"吃"字的意义特别复杂,什么都会带了"吃"字来说。被人欺负曰"吃亏",打巴掌曰"吃耳光",希求非分曰"想吃天鹅肉",诉讼曰"吃官司",中枪弹曰"吃卫生丸",此外还有什么"吃生活""吃排头"等等。相见的寒暄,他民族说"早安""午安""晚安",而中国人则说:"吃了早饭没有?""吃了中饭没有?""吃了夜饭没有?"对于职业,普通也用"吃"字来表示,营什么职业就叫做吃什么饭。"吃赌饭""吃堂子饭""吃洋行饭""吃教书饭",诸如此类,不必说了。甚至对于应以信仰为本的宗教者,应以保卫国家为职志的军士,也都加"吃"字于上。在中国,教徒不称信者,叫做"吃天主教的""吃耶稣教的",从军的不称军人,叫做"吃粮的",最近还增加了什么"吃党饭""吃三民主义"的许多新名词。

衣食住行为生活四要素,人类原不能不吃。但"吃"字的意义如此复杂,吃的要求如此露骨,吃的方法如此麻烦,吃的范围如此广泛,好像除了吃以外就无别事也者,求之于全世界,这怕只有中国民族如此的了。

在中国,衣不妨污浊,居室不妨简陋,道路不妨泥泞,而独在吃上分毫不能马虎。衣食住行的四事之中,食的程度远高于其余一切,很不调和。中国民族的文化,可以说是口的文化。

佛家说六道轮回,把众生分为天、人、修罗、畜生、地狱、饿鬼六道。如果我们相信这话,那么中国民族是否都从饿鬼道投胎而来,真是一个疑问。

第二章 岁月积淀的沉香

食不厌精，脍不厌细

——鲁菜

鲁菜历史悠久，源远流长，是中国四大菜系之一。鲁菜古老、凝重、深厚、严谨，如一位出自诗礼之乡的学者般富有深厚的内涵。中国儒家鼻祖孔子是山东人，也正是他那句"食不厌精，脍不厌细"对鲁菜也产生了很大的影响。在中国博大精深的饮食文化、众味飘香的各大菜系中，鲁菜独占鳌头。

山东是中国古文化发祥地之一。地处黄河下游，气候温和，胶东半岛突出于渤海和黄海之间。境内山川纵横，河湖交错，沃野千里，物产丰富，交通便利，文化发达。齐鲁大地海鲜水族、粮油牲畜、蔬菜果品、昆虫野味一应俱全，为鲁菜烹饪提供了广大的发挥空间。山东省蔬菜种类繁多，品质优良，号称"世界三大菜园"

这件距今800多年的艺术品记录了即墨老酒古遗六法传统酿造工艺。即墨老酒是中国古典名酒之一，酿造过程遵循"黍米必齐，曲蘖必时，水泉必香，陶器必良，湛炽必洁，火剂必得"的古老"法式"。

传统鲁菜九转大肠

之一。胶州大白菜、章邱大葱、苍山大蒜、莱芜生姜都蜚声海内外。水果产量居全国之首,仅苹果就占全国总产量40%以上。猪、羊、禽、蛋等产量也是极为可观。水产品产量是全国第三,其中名贵海产品有鱼翅、海参、大对虾、加吉鱼、比目鱼、鲍鱼、天鹅蛋、西施舌、扇贝、红螺、紫菜等。山东酿造业的历史也很悠久,洛口食醋、济南酱油、即墨老酒等都是久负盛名的调味佳品。如此丰富的物产,为鲁菜系的发展提供了无数的原料资源。

鲁菜历史极其久远,其雏形要追溯到春秋战国时期。除了"食不厌精,脍不厌细"之外,孔夫子还提出"鱼馁而肉败不食,色恶不食,臭恶不食,失饪不食,不时不食,割不正不食,不得其酱不食……"等一系列的美食主张,对鲁菜的形成不无影响。秦汉时期,山东的经济空前繁荣,鲁菜在这个时期已经初具规模。南北朝时,鲁菜的发展已经相当成熟。高阳太守贾思勰的《齐民要术》一书所总结的很多烹饪经验即取于齐鲁一带。隋、唐、宋、金等朝过后,鲁菜日臻成熟,逐渐成为北方菜的代表。到元、明、清时期,鲁菜的烹调工艺和调味风格逐渐流传于华北、京津、东北一带,并且进入宫廷,成为御膳的珍品。清高宗弘历曾八次驾临孔府,并在1771年第五次驾临孔府时,将女儿下嫁给孔子第72代孙孔宪培,同时赏赐一套"满汉宴银质点铜锡仿古象形水火餐具"给孔府,这更促使鲁菜系中的奇葩"孔府菜"有了更大的发展。

鲁菜系有包括济南、德州、泰安在内的济南派;包括青岛、烟台等沿海城市的胶东派,以及堪称"阳春白雪"的典雅华贵的孔府菜等三大流派。同时,还有星罗棋布的各种地方风味小吃。鲁菜正是在以上三派的基础上,集山东各地烹调技艺之

长，兼收各地风味之特点加以发展升华而成。

鲁菜用料广泛，海鲜、山珍、鲜蔬，甚至瓜果花卉都是入馔的佳品，鲁菜制作注重用汤，号称"汤为百鲜之源"。汤分为清汤和奶汤，清浊分明，主要取汤的那种清鲜。鲁菜中各种名汤菜有数十种之多。"清汤柳叶燕窝""清汤全家福""氽芙蓉黄管""奶汤蒲菜""奶汤八宝布袋鸡""汤爆双脆"等均为鲁菜中的汤菜精品。鲁菜更精于调味，咸、鲜、酸、甜、辣为鲁菜的主要味型。纯正浓厚、咸甜分明，真正值得回味。咸鲜为鲁菜的主味，在烹调中多用盐水和酱。鲁菜更善用葱香调味，什么菜都要以葱花爆锅，很多馔品要以葱段佐食。鲁菜刀功精细，工于火候，烹调技法全面，以爆、炒、烧、炸、溜、蒸、扒见长，其中尤以爆最为著名。"爆"菜一定要旺火速成，如一道油爆菜，急火快炒，一鼓作气，瞬间完成，制作成的菜肴香、脆、爽且富于营养。甜菜拔丝，也是鲁菜独具的技法，除了苹果、山药、蜜橘、香蕉，就连小小的葡萄等也能用于拔丝，缕缕甜丝，香脆可口。鲁菜烹制海鲜亦有独到之处，尤以对海珍品和小海味的烹制堪称一绝。在山东，大凡海产品，不论是参、翅、燕、贝，还有鳞、蚧、虾、蟹，经当地厨师的妙手烹制，都可成为清鲜味美的海味佳肴。以小海鲜烹制的油爆双花、红烧海螺、炸蛎黄以及用海珍品制作的蟹黄鱼翅、扒原壳鲍鱼、绣球干贝等，都是独具特色的鲁菜珍品。

鲁菜中许多名菜都历史悠久，底蕴深厚。九转大肠是鲁菜传统名品之一，这个菜名的由来别有一番趣味。据说此菜为清光绪年间济南城里县东巷九华楼首创。九华楼店主姓杜，是济南富商，在济南开的店铺很多，所开店铺，均以"九"字冠名。九华楼烧制的大肠下料多，用料全，先煮熟焯过，后炸，再烧，出勺入锅反复多次，直到烧煨至熟。调料中有名贵的中药，砂仁、肉桂、豆蔻，还有葱、姜、糖、酱、盐、油、酒等。有一次，九华楼店主请客，席间有一道"烧大肠"，品味后客人们纷纷称道，有说甜，有说酸，有说辣，有说咸。座中有一位知名文人为答谢主人的盛意，赠名为"九转大肠"，一是迎合店主的喜"九"之癖，二是赞美厨师技艺高超和制作此菜用料齐全、工序复杂、口味多变如道家炼烧九转仙丹。这个名字深得店主和来客好评，于是，九转大肠便声名远播了。

"诗礼银杏"是鲁菜菜系中孔府菜最早的上等名菜之一。相传孔府诗礼堂是孔子和其子孔鲤学诗学礼的地方。到了宋代，此处长出了两棵银杏，孔府厨师取用这里出产的白果做成菜肴，供学者食用，故取名为"诗礼银杏"。

鲁菜著名菜点

糖醋黄河鲤鱼、九转大肠、炸山蝎、德州五香脱骨扒鸡、原壳扒鲍鱼、博山豆腐、奶汤蒲菜、佘西施舌、蜜汁梨球、炸紫酥肉、红焖鳝鱼、锦装鳖、扒驼掌、拆烩鲢鱼头、红烧龟肉、红烧水鱼、七彩杂锦煲、烤牌子、滴水计时神仙鸭、烩乌鱼蛋、糍粑鱼、油爆鲜贝、油爆双脆、干烂虾仁、锅塌鱼扇、爆三样、诗礼银杏、白扒鱼翅、南煎丸子、芙蓉西施舌、熘黄菜、带子上朝、清炖加吉鱼、拼什锦合菜、三下锅、焦熘里脊、拌肘子、醋烹虾段、三美豆腐、双烤肉、黄焖鸭肝、芥末鸡皮、酱汁鱼、焖大虾、吉祥干贝、炒豆腐脑、珊瑚金钩、锅塌豆腐、海米珍珠笋、清汤柳叶燕菜、清汤什锦、汤爆双脆、烧海螺、烧蛎蝗、烤大虾、清汤燕窝、赛螃蟹

福山拉面、银丝卷、长官包子、周村烧饼、盘丝饼、酱什锦菜、烤鱿鱼、炒辣蛤蜊、冻菜凉粉、地瓜枣、海鲜馄饨、虾汤面、蛤蜊面、海鲜水饺、杠子头火烧、蟹壳黄合饼、中华锅贴、油旋、五仁包、泉城大包、天天炸鸡、春饼、灌汤包、草包包子、芝麻排骨、烤地瓜、炸酱鸡、荠菜春卷、糖醋煎饼、八批果子、玫瑰糖炸糕、鸡丝馄饨、长清大素包、民众煎包、济南米粉、景芝金丝面、单县羊肉汤、蛋酥炒面、豆汁粥、八宝茶汤、石子旋饼、六角旋饼、泰山豆腐面、蓬莱小面、梨丸、龙凤炒饭、黄县肉盒、芙蓉烧卖

一菜一格，百菜百味

——川菜

中国西南的"天府之国"——四川，有"一菜一格，百菜百味"的川菜。四川素有"烹饪天国"的美誉。川菜是中国四大菜系之一，具有浓郁的地方特色，味道变化无穷，"吃在中国，味在四川"的声名名震寰宇。

川菜的发祥地是巴（以重庆为中心，包括川东、黔北、湘西、鄂西、陕南等古代巴国故地）、蜀（以成都为中心，包括川西北、甘南、滇北、黔西北等古蜀国和古益州故地）。巴蜀自古与殷、周、楚、秦都有过频繁的经济文化关系，饮食文化的交流自不在话下。三国之时，川菜已经日益形成。西晋大文学家左思在《蜀都赋》中大吟"若其旧俗，终冬始春，吉日良辰，置酒高堂，以御嘉宾"，再现了1500多年前川菜的烹饪技艺和宴席盛况。唐宋之时，川菜有较大的发展，名品佳肴层出不穷。明朝末叶，辣椒从南美洲传入中国，川菜的风味又得到了进一步的丰富和发展。晚清时期，川菜逐步形成以清鲜醇浓并重、擅用麻辣调味著称的独特风味。

川菜的发展还得益于历代聪明睿智的川厨对其他饮食精华的兼收并蓄。巴蜀虽在中国西南，但历朝历代的外地人在巴蜀并不少见。特别是在清朝，外籍入川的人更多，以湖广为首，陕西、河南、山东、云南、贵州、安徽、江苏、浙江等省的人也都有移民四川的。他们将其家乡的饮食习尚与名馔佳肴带入四川，这些饮食文化都对川菜的发展起到了推动作用。川菜博采众长，"南菜川味""北菜川烹"，继承传统，改进创新，形成了风味独特，具有广泛群众基础的四川菜系。

川菜包括了成都和重庆以及乐山、江津、自贡、合川等地方的菜点特色。川菜讲究色、香、味、形、器，兼有南北之长，在"味"字上尤为突出，素以味多、味广、味厚著称，味型多样、变化精妙。东晋常璩有蜀人"尚滋味，好辛香"之说。川菜虽以麻辣著称，但常用的味型相当丰富，有咸鲜微辣的常味型，有咸甜酸辣兼备的鱼香味型，有咸甜麻辣酸鲜香并重的怪味型，有咸鲜辣香的红油味型，有典型麻辣厚味的麻辣味型，有酸菜和泡菜的酸辣型，还有椒麻型、椒盐型、姜汁型、蒜

"川菜之魂"——四川郫县豆瓣

郫县豆瓣是四川三大名瓣之一。它在选材与工艺上独树一帜，与众不同。香味醇厚却未加一点香料，色泽油润却不含任何油脂。

泥型、煳辣型、糖醋型、香糟型、芥末型、荔枝型、麻酱型、葱油型、陈皮型、五香型、酱香型等20多种，真不愧"一菜一格，百菜百味"。

川菜的味美、味多、味浓、味厚，与四川口味丰富、别具特色的调味品是分不开的。自贡井盐、内江白糖、阆中保宁醋、三汇特醋、中坝酱油、郫县豆瓣、清溪花椒、永川豆豉、涪陵榨菜、叙府芽菜、重庆辣酱、宜宾芽菜、南充冬菜、新繁泡菜、忠州豆腐乳、温江独头蒜、北碚莴姜、成都二金条海椒等，都是川菜独有的味道之源。

川菜菜品已达4000种之多，历史的积淀，使一道道精致的菜品包含着一段段美丽动人的故事。大文学家苏轼是个地道的美食家，他不但撰写了脍炙人口的《老饕赋》，还"聚物之夭美，以养吾之老饕"，创制了东坡肉、东坡羹和玉糁羹等佳肴；清代，四川总督丁宝桢，又称"丁宫保"，首创川菜名馔"宫保鸡丁"，独具风味，备受欢迎。"麻婆豆腐"是100多年前由成都北门外万福桥一个小饭店里面夫姓陈的麻姓妇女创制。成菜麻、辣、烫、酥、鲜、嫩，久负盛名，流传国内外。成都市至今仍有"陈麻婆豆腐店"，每日顾客盈门，坐无虚席。

川菜的烹调方法千变万化。流传到现在的有炒、煎、烧、炸、腌、卤、熏、泡、

蒸、熘、煨、煮、炖、焖、卷、焯、爆、炝、煸、烩、糁、蒙、贴、酿、酥、糟、风、醉、拌等30多种。特别是以小煎小炒、干烧干煸见长。川菜中汤的烹制方法也十分讲究，所谓"川戏离不了帮腔，川菜少不了好汤"。

　　川菜菜式也很多，从高级宴会菜式、普通宴会菜式、大众便餐菜式到家常风味菜式，一应俱全。这四类菜式既各具风格特色，又互相渗透、互相配合，满足了食客们不同的要求。无论是高级宴会菜的红烧熊掌、竹荪肝膏汤、干烧鱼翅，普通宴会菜的清蒸杂烩、粉蒸肉、咸烧白、甜烧白，还是大众家常的宫保鸡丁、鱼香肉丝、水煮肉片、麻婆豆腐、回锅肉，任何一款川味佳肴都让人回味无穷。

　　四川小吃与四川菜一样，不仅款式多姿多彩，口味也是无比丰富。从各色小面到抄手包饺；从糕团汤元到筵席细点；从凉拌冷食到热饮羹汤；从锅煎油烙到蒸煮烘烤，堪称"花色品种琳琅满目，甜咸酸辣各味俱全"。

　　目前四川地区盛行火锅美食。在重庆、成都两大城市形成了"火锅街""火锅城"。吃着又辣又烫的"毛肚火锅"，流一身大快淋漓的汗，别有一种情趣、一番快意。

典雅细腻，国宴本色

——苏菜

1949年10月1日晚的国宴对整个中国来说都是具有特殊的意义，而当时别开生面的国宴就是由苏菜的一个分支淮扬菜担当的主角。有"南食之柱"美誉的苏菜清纯细腻，有着江南别样的风情，又是那样富贵典雅，无愧于国宴本色。

苏菜，是江苏的地方风味，中国饮食文化中的四大菜系之一。苏菜历史悠久，先秦时期，吴地已有一些见诸文献的著名菜肴，可以看作是江苏菜的渊源。春秋时齐国的易牙曾在徐州传艺，创制了千古名肴——"鱼腹藏羊肉"。专诸为刺吴王，在太湖向太和公学"全鱼炙"，苏州名菜"松鼠鳜鱼"，即是"全鱼炙"中的一种。以后东吴、东晋和南朝的宋、齐、梁、陈6个朝代，都锐意经营华东地区，金陵、镇江、无锡、常州、温州等城市相继崛起，对苏菜的发展起到了很大的促进作用，此时的苏菜已经相当成熟了。南北朝时，南京的"天厨"烹饪技法已经相当精湛，能用一种食材做出几十种菜，一种菜又能做出几十种风味来。隋唐时期，松江的金齑玉脍、糖姜蜜蟹，苏州的玲珑牡丹鲊，扬州的缕子脍，都是造型精美的花式菜肴。宋室南渡杭州，中原大批士大夫南下，带来了中原的饮食风味，使苏菜的口味有了较大的变化。金元以来，苏菜风味更加丰富多彩。明清时期，苏菜已经相当成熟，烹饪技法日益精细，菜肴品种大为丰富，风味特色也更加突出，在全国的影响也越来越大。当时还盛行一种船宴，南京、苏州、扬州都有船宴。清人徐珂所辑《清稗类钞》中记有"肴馔之各有特色者，如京师、山东、四川、广东、福建、江宁、苏州、镇江、扬州、淮安"。徐珂举的10处，有5处为江苏名城。如今的苏菜与历史的苏菜不仅一脉相承，而且更加绚丽多彩。

江苏为鱼米之乡，物产丰饶，饮食资源十分丰富。著名的水产品有长江三鲜——鲥鱼、刀鱼、鮰鱼，还有太湖银鱼、阳澄湖清水大闸蟹、南京龙池鲫鱼以及其他众多的海鲜、河鲜；鲜蔬有太湖莼菜、淮安蒲菜、宝应藕、板栗、茭白、冬笋、荸荠等名菜。"春有刀鲚夏有鳠，秋有肥鸭冬有蔬"，一年四季，水产禽蔬林林总总，长年不断。这些富饶的物产都为苏菜的形成和发展提供了优越的物质基础。

江苏的历代名厨造就了苏菜别具一格的传统佳肴，这别具一格来源于古有"帝王州"之称的南京，"天堂"美誉的苏州及被史家叹为"富甲天下"的扬州。苏菜主要由淮扬、金陵、苏锡、徐海这四个地方风味构成，同中有异，各有千秋，各具特色，影响遍及长江中下游广大地区，在国内外享尽盛誉。

淮扬菜以扬州为中心，包括镇江、两淮地区的菜肴。淮扬菜历史悠久，是江苏菜的重要组成部分。淮扬菜特点鲜明，注重刀功、火功，擅长烹制鱼鲜，制菜擅用炖、焖、煨等烹调方法，口味咸甜适中，清淡适口。淮扬菜还擅长瓜果雕刻，极其精致可爱。

金陵风味，又称"京苏菜"，指以南京为中心的地方风味菜。南京菜以滋味平和、醇正适口为特色，名店马祥兴的四大名菜——松鼠鱼、蛋烧卖、美人肝、凤尾虾可作为南京菜的代表。南京的金陵鸭馔更为著名，板鸭、盐水鸭、黄焖鸭、卤鸭肫肝乃至鸭血汤等，可上华席盛宴，也可流连于街头巷尾，素有"金陵鸭馔甲天下"的美誉。

苏锡菜主要以苏州、无锡两地组成。"上有天堂，下有苏杭"，苏州被称为"东方威尼斯"。苏锡菜擅长烹制河鲜、湖蟹、蔬菜，非常注重造型，菜品清新多姿，讲究火候，善于调味，口味略微有些甜。苏锡风味的传统名菜很多，如清乾隆时已

阳澄湖位于苏州市区东北，水产资源丰富，盛产70余种淡水产品，其中有"蟹中之王"美称的阳澄湖清水大闸蟹更是驰名中外。图为渔民在阳澄湖上喂食大闸蟹。

有的樱桃肉；由传说变为名菜的叫化鸡；典型功夫菜鸡茸蛋、梁溪脆鳝；用太湖名产银鱼制作的香松银鱼；无锡灯船上必备的船菜白汤大鲫鱼等都是驰名中外的苏锡名菜。

徐海菜指自徐州沿东陇海路至连云港一带的地方风味菜。徐海菜以鲜咸为主，五味兼蓄，风格淳朴，注重实惠，菜品别具一格。如徐州的霸王别姬、彭城鱼丸、沛公狗肉、羊方藏鱼，连云港的凤尾对虾、红烧沙光鱼、爆乌花等名品佳肴，都为人们所传颂。

清鲜平和，是苏菜的基调。苏菜所用江鲜、河鲜、湖鲜、海鲜、鲜瓜、鲜果、鲜花、鲜蔬，都为了一个"鲜"字；苏菜刀功精细，刀法多变，无论是细切粗划、先片后丝，还是脱骨雕镂，都能显示出刀功的精湛超群；苏菜重视火候，讲究火功，以炒、熘、煮、烩、烤、烧、蒸为主要烹法，擅长炖、焖、煨、焐，具有鲜、香、酥、脆、嫩等特点。炖生敲、炖菜核、炖鸡孚的"南京三炖"，还有扒烧整猪头、拆烩鲢鱼头、清炖狮子头的"镇扬三头"，都是采用宜兴砂锅焖钵制作的名品。

苏菜历史内涵丰厚，许多名菜精品都有一段美丽动人的传说或典故。"天下第一菜"和乾隆皇帝，"龙宫大将"与"将军过桥"，孟姜女和太湖银鱼，松鼠鳜鱼吱吱作响，乞丐发明的"叫化鸡"等，都是人们在品味苏菜佳肴时的佐食之料。

选料博杂,生猛时尚

——粤菜

广东菜又称粤菜,粤菜选料博杂、生猛时尚,是中国传统的四大菜系之一。

粤菜历史悠久,早在秦汉时就已现端倪。南越王墓和岭南地区大量汉墓出土的随葬食品中,最多的是海产品、野味和瓜果。到了汉代,粤菜就借物产之利,有了现在依旧著名的蛇馔。《淮南子·精神篇》云:"越人得蚺蛇,以为上肴。"

唐宋以来,随着广州的繁荣和周围各圩镇的崛起,饭馆、茶楼日益增多,广州各圩镇的交流日益频繁,逐渐形成了具有岭南特色的以鲜活海产、野味和时蔬花果入馔为主流的广府菜。唐代大诗人韩愈被贬至潮州,在他的诗中就有潮州人食鲨、蛇、蒲鱼、青蛙、章鱼、江瑶柱等各种野味海鲜的描述。宋代著名大文学

广州十三行油画　清
粤菜源于传统的潮汕食俗,十三行成为外贸窗口后,粤菜吸收了往来广东的外国人的异国风味。

家苏轼因政事被贬至广东岭南，岭南的美食却给了这位大美食家无限的安慰。他曾向弟弟苏辙炫耀道："五日一见花猪肉，十日一遇黄鸡粥。"花猪肉至今仍是东江的名菜。

粤菜菜系基本上是广州菜（又称广府菜）、潮州菜、客家菜三个菜种的融合体，而以广州菜为中心。元明时，随着广府和潮州、客家地区交流的日益频繁，三个菜种也逐渐互相交融，粤菜越来越成熟。

清时，珠江和韩江两个三角洲逐渐发展成商品农业的鱼米之乡。韶关、湛江等地的农业生产也日趋兴盛，粤菜的发展也更是上了一个新的台阶。清中叶以后，虽国势日衰，但广东省会广州的饮食却日益兴旺。鸦片战争后，海禁大开，中原风味、欧美风味以及南洋风味都为粤菜注入了新鲜的血液，粤菜大系逐渐形成了。

广东地处中国南部沿海，境内高山平原鳞次栉比，江河湖泊纵横交错，气候温和，四季常青，物产丰富。盛产石斑鱼、龙利鱼、鲟鱼、鳜鱼、对虾、肉蚧、羔蚧、鳊鱼、鲈鱼。除此之外，广东还盛产稻米、甘蔗、小麦、花生等。广东也是全国最大的水果生产基地，盛产香蕉、柑桔、荔枝、菠萝。咖啡、可可、胡椒的产量也居全国首位。清朝人竹枝词曰："响螺脆不及蚝鲜，最好嘉鱼二月天，冬至鱼生夏至狗，一年佳味几登筵。"把广东丰富多样的烹饪资源淋漓尽致地描绘了出来。清淡鲜活的粤菜就是在如此丰富的物产基础上发展并成熟起来的。

粤菜中广州菜的"广州"是广义的，凡讲广州话的地区均在此范围，包括珠江三角洲各市、县，以及肇庆、韶关、湛江等地。广州菜用料广泛，精细讲究又要保持鲜活。即席烹制，吃起来别有一番新鲜的滋味。潮汕菜的"潮汕"也是广义的，凡讲潮州话的地方都在此范围内，包括汕头、潮州、普宁、惠来、揭阳、饶平等地在内。潮汕菜历史悠久，菜肴别具特色、自成一派。东江菜又称客家菜，客家为南迁的中原汉人，他们聚居于东江山区，菜肴有着中原固有的风貌。客家菜用料以肉类为主，原汁原味，讲求酥、软、香、浓，注重火功，以炖、烤、煲著称，尤以砂锅菜见长。

粤菜最大的特点就是选料博杂，无所不吃。有人说广东人"天上飞的除了蚊子，地上站的除了凳子，都能烧成美味佳肴"。这当然是一句夸张的笑话，但粤菜确以选料广博闻名。飞禽走兽、山珍海味、野菜山花，均可入馔。蛇、麻雀、鹧鸪、穿山甲、蝙蝠、海狗、鼠、猫、狗、蛇、猴、龟……超过1000种的材料经过粤厨的妙手，都可以变成桌上的珍异佳肴。早在南宋，周去非的《岭外代答》一书中就对此有精辟的记载："深广及溪峒人，不问鸟兽蛇虫，无不食之……"如今，鲍、参、翅、肚、山珍海味为粤菜名品，而蛇、鼠、猫等野味也为粤菜中具有独特风味的佳肴和药膳。

汤菜是粤菜的灵魂。在广东，不是喝酒"不醉不归"，而是饮汤"不够不归"。广东人的汤菜不仅仅是为了大快朵颐，养生更为重要。蝎子灵芝煲老龟可以去湿养颜滋阴，鸡骨草煲生鱼能保肝去湿毒，野生乌鸡炖羊胎花则为女性尤物，有显著的健身、美容、养胃的功效。这样对身体有益的汤菜，汤料当然要好好选择一下了。火气旺盛，一定要选择甘凉的绿豆、薏米、海带、冬瓜、莲子等，用以滋润、清火；寒气过剩，就要选择性热的冬虫夏草、参之类的汤料。在夏季不宜喝大补的汤，即使在秋冬季，年轻人和小孩子也最好不要喝。粤菜做汤菜讲究三煲四炖，煲汤一般需要3小时，炖汤需要4～6小时。煲汤其实很容易，将原料调配合理，慢慢在火上煲着就行了。葱、姜、蒜、花椒、大料、鸡精、味精、料酒之类香料大可不必多放，一片姜足矣。喝汤讲究原汁原味，只要时间够，煲的汤自然会香飘四溢。煲汤以质地细腻的砂锅为宜，瓦罐和铁锅也可。

提起广东的小吃，名气并不比粤菜差。广东的小吃不仅丰富多彩，多种多样，历史也很悠久。

广东粥很注意调味，滑鸡粥、鱼生粥、及第粥和艇仔粥远近闻名；广东粉为沙河粉，软中带韧；广东面则以伊府面最为出名。广东小吃的制作技法多为蒸、煎、煮、炸四种。酥皮莲蓉包、娥姐粉果、马蹄糕、伦教糕、蜂巢芋角、蟹黄灌汤饺、薄皮鲜虾饺、干蒸烧卖、沙河粉、荷叶饭等，都是广东著名的风味小吃。

广东地处亚热带，一年四季都有鲜果上市，故有"水果之乡"的盛誉。广州的水果品种有500多种，荔枝、香蕉、木瓜、菠萝等产量大，质量好，被誉为岭南四大名果。昔日的"一骑红尘妃子笑"的果王荔枝，如今已入平常人之口。此外，还有芒果、杨桃、石榴、龙眼、白榄、乌榄、黄皮、杨梅、菠萝蜜、三华李、西瓜等。当然，这些鲜果无一不为广东人桌上的美餐。

粤菜著名菜点

中式五花肉排、烤乳猪、白灼虾、龙虎斗、太爷鸡、香芋扣肉、红烧大裙翅、黄埔炒蛋、炖禾虫、狗肉煲、五彩炒蛇丝、菊花龙虎凤蛇羹、纹露美鲍、乳猪大拼盘、雀巢黑椒牛柳、清蒸石斑鱼、青蟹粉丝煲、梅菜扣肉、玫瑰油鸡、凉瓜排骨、咖喱牛肉、客家封鸡、京都排骨、菊花石榴鸡、啤酒蟹、豉汁青口螺、香荽豆腐鱼汤、蒸蒜香大虾、蒜心生鱼片、锅巴肉蟹、潮州冻肉、清甜莲子、清田鸡腿、佛手香酥骨、煎酿茄子、鱼皮角、文昌鸡、东江盐鸡、两柠煎软鸡、铁板煎牛柳、八珍扒大鸭、豉汁茄子煲、蚝油扒生菜、潮州白鳝煲、清蒸大鲩鱼、沙茶牛肉、麒麟鲈鱼、蚝油牛肉、白云猪手、贝丝扒菜胆

油条、咸煎饼、笑口枣、艇仔粥、伍湛记及第粥、瑶柱白果粥、欧成记云吞面、沙河粉、猪肠粉、濑粉、萝卜糕、马蹄糕、伦教糕、红豆沙、绿豆沙、糯米麦粥、八宝粥、芝麻糊、杏仁糊、汤丸、双皮奶、姜汁撞奶糊、甜粽、咸粽、炒田螺、猪红汤、牛骨汤、酸辣瓜菜、蒸肠粉、松糕、棉花糕、钵仔糕、面糕、芋头糕、沙翁、薄脆、酥皮莲蓉包、娥姐粉果、蜂巢芋角、蟹黄灌汤饺、薄皮鲜虾饺、干蒸烧卖、荷叶饭、广式月饼、煲仔饭、肇庆裹粽

湘味隽永,热辣风情

——湘菜

湖南菜又称湘菜,正如那湖南的辣妹子,湘菜也是热情、泼辣,别有一番江南风情。

湖南因位居洞庭湖之南而得名,又因湘江纵贯全省,故简称湘。这里气候温暖,雨量充沛,阳光充足,四季分明,物产资源丰富,是著名的鱼米之乡。《史记》中曾记载,楚地"地势饶食,无饥馑之患"。长期以来,"湖广熟,天下足"的谚语广为流传。湘菜源远流长,根深叶茂,在几千年的悠悠岁月中,经过历代的演变与进化,逐步发展成为颇负盛名的地方菜系。

秦汉之时,湘菜菜系已基本形成,烹调技艺已有相当高的水平。1974年,在长沙马王堆出土的西汉古墓里,发现了迄今最早的一批竹简菜单,不仅记录了百余种名贵菜品,还记载了羹、炙、煎、熬、蒸、腊、炮等10余种烹调方法。六朝唐

湖南居于洞庭洞之南,是著名的鱼米之乡,物产资源丰富。图为一位渔夫驾船在洞庭湖上以鸬鹚捕鱼。

著名湘菜"左宗棠鸡"

宋时期，湖南经济文化日益繁荣，湘菜也随之有了长足的发展。当时的名菜"东安鸡""怀胎鸭""龙女斛珠""子龙脱袍"等，距今已有千年的历史了。

明、清两代是湘菜发展的黄金时期。当时的湖南商旅云集，市场繁荣，湘菜茶楼酒馆遍及全省各地，其独特风格也在这时基本定局。晚清战事频仍，湖南人曾国藩、左宗棠先后率领湘军转战南北，也将湘菜带到了各地。特别是左宗棠，还为湘菜留下了"左宗棠鸡"这道名肴。晚清进士谭延闿对湘菜的影响更大。谭延闿，湖南茶陵人，字祖庵，曾任湖南督军兼省长，后出任南京国民政府主席及首任行政院院长，深谙饮馔之学。当时有一位烹调技术极好的厨师叫曹荩臣，因排行第四，人称曹四（曹荩臣与宋善斋、肖麓松、柳三和并称长沙四大名厨）。曹四本在清朝衙门里当官厨，后被谭延闿纳为私人厨师。谭公馆的菜在当时颇具声名，时人称曹四为谭厨，称谭家菜为祖庵大菜。1930年谭延闿去世之后，谭厨在长沙独自经营餐厅，各式菜肴均以"祖庵"二字冠名，如"祖庵鱼翅""祖庵豆腐"等，声名大噪，生意兴旺之极，将湘菜口味传播得更广。

长期以来，湘菜受地区物产、民风习俗和自然条件等诸多因素的影响，逐步形成了以湘江流域、洞庭湖区和湘西山区为基调的三种地方风味。湘江流域菜以长沙、湘潭、衡阳为中心，是湖南菜的主要代表，鲜香酥软，清脆爽口。腊味制法是湘江流域湘菜的特色，冷盘、热炒、汤蒸，都是绝佳的美味佳肴，名菜"腊味合蒸"，更是柔软不腻，咸香可口。洞庭湖区菜以烹制湖鲜、河鲜见长，煮菜是其一大特色。当地人有"不愿进朝当驸马，只要蒸钵炉子咕咕嘎"的民谣，可见湖南人

对煮菜的钟爱。湘西菜擅长烹制山珍野味和各种腌制品，有浓厚的山乡风味。"湘西酸肉"为土家族、苗族人民的风味菜肴，是将腌制后的肉爆炒做成的菜肴，又香又辣，让人爱不释"口"。

湘菜的最大特色就是辣。湖南人对辣椒"宠爱有加"，几乎吃什么都放辣椒。湖南人的嗜辣与气候有关。那里气候温暖潮湿，古称"卑湿之地"，而吃辣椒能提热、开胃、去湿、驱风。久而久之，湖南人就形成了食辣的习惯。除辣之外，湘菜还能使用调味品烹制出酸、甜、咸、苦等多种单纯和复合口味的菜肴。特别是"酸辣"，以辣为主，酸寓其中。"酸"是酸泡菜之酸，比醋酸要醇厚柔和。湘菜的刀功也异常精妙，基本刀法有 16 种之多，光凭湘菜名厨的一把刀，就能使菜肴千姿百态、变化无穷。整鸡剥皮，盛水不漏，"发丝百页"，细如银发。特别是"菊花鱿鱼""金鱼戏莲"等创新菜更是神形兼备，栩栩如生，令人有巧夺天工之叹。湘菜刀功之妙，还在于不仅要着眼于造型的美观，还要处处顾及到烹调的需要，要依味造形，形味兼备。湘菜烹调方法很多，以煨、爆、炖、蒸、煎、炒、炸最为常见。煨菜软糯汁浓，炖菜醇香汤清，煎菜、炒菜要注重火候，要恰到好处，蒸菜则香味更浓，回味悠长。湘菜中技艺更为精湛的是煨爆。煨在色泽变化上又分为"红煨""白煨"，在调味汤上分"清汤煨""浓汤煨""奶汤煨"等几种。不管是哪种，均要小火慢煨，这样煨出来的菜才能保持那种原汁原味。许多煨爆出来的菜肴，如醇厚浓香的"祖庵鱼翅"，汁纯滋养的"洞庭金龟"都是湘菜中的名馔佳肴。

湘菜中有一道名肴"东安子鸡"非常的著名。东安子鸡，原名"醋鸡"，因其原创始于湖南东安县，故名。此菜是用嫩母鸡和红辣椒煸、烧而成，红白黄绿四色相间，色香味俱全。相传东安子鸡创于唐玄宗开元年间，一天晚上，在东安县的小饭店里来了几个商客，苦于菜已卖完，店家只好将家中的两只小母鸡捉来为客人做菜，加葱、姜、蒜、辣椒将鸡块大油热炒，并加盐、酒和醋焖烧，淋上麻油出锅，真是香味扑鼻，鲜嫩无比。这道菜从此不胫而走。东安县县令也是位好食者，慕名而来，吃了店家精心烹制的鸡肉后，连声称赞，挥毫在牌匾上写下了"东安子鸡"四个大字。从此以后，东安子鸡便名声远播了。直到现在，东安子鸡仍然是湘菜中的精品名馔。

做东安子鸡，一定要嫩母鸡，还要加上湖南的朝天椒。吃在嘴里，酸、辣、鲜、嫩，口舌立即就能感到那种说不出的快感。1972年，美国总统尼克松来华访问。中国美味佳肴让尼克松总统大开了眼界，特别是吃到东安子鸡这道菜时，尼克松非常兴奋，连声称赞。

湘菜著名菜点

湘味方肉、祖庵鱼翅、紫龙脱袍、炸八块、玉麟香腰、鲜鱼生菜汤、五元神仙鸡、酸辣狗肉、酸辣百叶、双色鱿鱼卷、全家福、清汤柴把鸭、红煨鱼翅、冰糖湘莲、马蹄白果蛋花汤、面包鸡排、麻仁酥鸭、腊味合蒸、开屏柴把桂鱼、金鱼戏莲、椒盐兔片、蝴蝶过河、红烧龟肉、干蒸湘莲、芙蓉鲫鱼、发丝百叶、洞庭金龟、翠竹粉蒸鲥鱼、炒素什锦、东安子鸡、吉首酸肉、红椒腊牛肉、红椒酿肉、南荠草莓饼、鱿鱼肉丝、玉米青豆羹、豆豉排骨、酱汁肘子、酸辣肚尖、汤泡肚、金钱鱼、君山银针鸡片、祁阳笔鱼、百鸟朝凤

和记米粉、德园包子、姊妹团子、火宫殿臭豆腐、卤豆腐、换心蛋、干豆腐、霉豆腐、血丸子、红薯干、干竹笋、干腊肉、皱纱馄饨、杨裕兴面条、糯米粽子、麻仁奶糖、浏阳茴饼、浏阳豆豉、白沙液、浏阳河小曲、芙蓉三鲜火锅、湘宾春卷、擂茶、年粑粑、蒿子粑粑、桂花糖、武陵月饼、猕猴桃蜜饯、灯芯糕、麻香糕、年糕、龙脂猪血、土家腊肉、脑髓卷子、椒盐馓子

新鲜活嫩，原汁原味

——徽菜

古有"无徽不成镇"，今有徽菜天下闻。徽菜是安徽菜系的简称，从历史余韵中走来的徽菜名闻天下，那种新鲜活嫩、原汁原味，让食客们一品难忘。

安徽地处华东腹地，气候温和，雨量适中，四季分明，物产丰盈，皖南山区和大别山区盛产茶叶、竹笋、香菇、木耳、板栗、山药、石鸡、石鱼、石耳、甲鱼、鹰龟等山珍野味。这些都为徽菜的发展提供了坚实的物质基础。

徽菜历史悠久，源远流长。徽菜起源于古徽州，即今安徽省歙县。后因新安江畔的屯溪小镇成为"祁红""屯绿"等名茶和徽墨、歙砚等特品的集散中心，商业兴旺，饮食业发达，徽菜的重点逐渐转移到屯溪，在这里得到进一步发展。徽菜这一地方风味的形成和发展，与安徽的经济文化底蕴是分不开的。古徽州历来人文荟

安徽黄山屯溪老街上的百年老店——新苏老徽馆。

萃、文风鼎盛。在各地游学做官的安徽人大有人在，这些官吏便将家乡的安徽菜带到了全国各地。安徽商人史称"新安大贾"，起于东晋，唐宋时期日渐发达，明代晚期至清乾隆末期是徽商的黄金时代。徽商"十三在邑"守家园，"十七在外"闯天下。人数之多，活动范围之广，资本之雄厚，在历史上是首屈一指的，民间遂有"无徽不成镇"的说法。徽商富甲天下，饮馔丰盛，而又偏爱家乡风味，可以说徽菜的扬名与徽商的兴盛相生相伴，哪里有徽商，哪里就有徽菜馆。宋时，徽菜传至京都，宋高宗赵构听说了徽菜以后，就向身旁的学士汪藻询问徽菜究竟好在哪里，汪藻用梅圣俞的两句诗回答："沙水马蹄鳖，雪天牛尾狸。"赵构闻听此言，马上让御厨烹食，美味绝佳，从此徽菜又成为了宫廷御膳。明清时期，徽商在扬州、上海、武汉一带盛极一时，上海的徽菜馆一度曾达500多家。更为可贵的是，由于古徽州医学发达，健身强体食谱的药膳早就纳入徽菜体系。如枸杞子炖乌骨鸡、冰糖炖百合、紫苏炒瘦肉、沙炒银杏果，等等。

在漫长的岁月里，经过历代安徽人的辛勤创造，徽菜已逐渐从徽州地区的山乡风味脱颖而出，如今已集中了安徽各地的风味特邑、名馔佳肴，逐步形成了一个雅俗共赏、南北咸宜、独具一格、自成一体的著名菜系。

徽菜的传统菜品多达千种以上，其风味包含皖南、沿江、沿淮三种地方菜肴的特色。皖南以徽州地区的菜肴为代表，是徽菜的主流与渊源。其主要特点是喜用火腿佐味，以冰糖提鲜，善于保持原料的原汁原味，味型上以咸、鲜、香为主。不少菜肴常用木炭风炉单炖单熬，原锅上桌，浓

香四溢，体现了徽味古朴典雅的风貌。沿江风味盛行于芜湖、安庆及巢湖地区，以烹调河鲜、家禽见长，讲究刀功，形、色均精致鲜明，善于以糖调味，擅长烧、炖、蒸和烟熏技艺，菜肴清爽、酥嫩、鲜醇，别具特色。沿淮菜是以黄河流域的蚌埠、宿州、阜阳的地方菜为代表，擅长烧、炸、熘等烹调技法，擅用芫荽、辣椒为菜肴调味配色，咸鲜酥脆、微辣，别具一格。除此之外，九华山的素菜、天柱山的雪山菜、合肥四大名点，以及安庆、庐州的风味小吃也都驰名海内外，足令食客馋涎。

徽菜的风格与其他菜系不同，以烹饪山珍野味著称。徽菜选料严谨，力求新鲜活嫩，决不以次充好或是随意敷衍。最大的特色在于重味，即善于发挥原料本身的滋味，保持原汁原味，并且常用火腿佐味，冰糖提鲜，料酒除腥。

提到徽菜还有一点不能不提，那就是徽菜名品在漫长的历史长河中形成的种种逸闻趣事。不少徽菜名肴都蕴含着一段美丽的传说或故事，合肥曹操鸡就是始创于三国时期的安徽合肥传统名菜。这道鸡菜为何会用大名鼎鼎的曹操命名呢？这里边还有一个典故。相传东汉时期，合肥因地处吴头楚尾，乃兵家必争之地。汉献帝建安十三年（公元208年），曹操统一北方后，从都城洛阳率领83万大军南下征伐孙吴，也就是历史上著名的赤壁之战。在曹军行至庐州（今安徽合肥）时，曹操因军政事务过于繁忙，操劳过度，头痛病发作，卧床不起。行军膳房厨师为了尽早治好曹操的病，遵照医嘱，选用当地仔鸡配以中药、好酒，精心烹制成一道药膳鸡。曹操食后感到味道精美，十分喜爱，病也慢慢地好了起来，身体很快就康复了。自那以后，曹操每次进餐一定要吃这道药膳鸡。从此，"曹操鸡"的声名也就不胫而走，流传至今。现今的"曹操鸡"，以合肥烹制的最为出名。以当地优质仔鸡为主料，配以曹操家乡——安徽亳州出产的古井贡酒与天麻、杜仲、香菇、冬笋、花椒、大料、桂皮、茴香、葱姜等18种开胃健身的辅料制成。不仅味道鲜美，营养也十分丰富，具有食疗健体的功效。

"李鸿章杂烩"这道徽菜也颇有来历。据传，光绪二十二年（1896年），李鸿章出访美国。一次，在驻地宴请美国宾客，他的随行厨师做了一桌非常丰盛的中国菜，其中即以徽菜为主。菜肴美味可口，吃到最后时菜品稍显不足，于是李鸿章下令厨师再添新菜，但因厨房准备的正菜均已上桌，情急之下，只好将配菜时剩下的海鲜等余料下锅混烧成一菜。得到了客人们的交口称赞，纷纷询问李鸿章此菜何名。李鸿章随口应答"杂碎"。从此，"杂碎"就在美国扎了根，成为一道名菜。"杂碎"就是"杂烩"，因李鸿章的口音比较浓，因此听起来像"杂碎"一样。在中国我们称此菜为"李鸿章杂烩"。1968 年，泰国总理访问美国，白宫官员得知他很喜欢中国菜，竟向华盛顿皇后酒店订了 50 份李鸿章杂烩来款待他。看来这道菜还真是名不虚传。

徽菜著名菜点

虎皮毛豆腐、一品锅、方腊鱼、珍珠翡翠白玉汤、合肥曹操鸡、清炖马蹄鳖、李鸿章杂烩、无为熏鸭、毛峰熏鲥鱼、符离集烧鸡、石耳炖鸡、咖喱蚌肉、云雾肉、茶叶熏鸡、葡萄鱼、徽式卤舌、火腿炖甲鱼、腌鲜鳜鱼、火腿炖鞭笋、雪冬烧山鸡、红烧果子狸、奶汁肥王鱼、黄山炖鸽、干贝萝卜、莫家干丝、花菇田鸡、徽州桃脂烧肉、掌上明珠、莲蓬鱼、虾籽管廷、酿豆腐、玉兔海参、八宝肉圆、八公山豆腐、白切鸡、爆乌花、椿芽焖蛋、葱油蒸鸭、风味鸡、凤尾虾排、腐乳鸡、锅烧鳗、合腰子、枸杞子炖乌骨鸡、冰糖炖百合、紫苏炒瘦肉、沙炒银杏果、什锦肉丁、樱橘蛤士蟆、珊瑚金钩

安庆墨子酥、大救驾、胡玉美蚕豆酱、琅琊酥糖、盏儿糕、鸭蛋糕、糯米欢喜团、芝麻面糍粑、连浆豆皮、芝麻糖茶、荠菜圆子、耿福兴酥烧饼、绿豆煎饼、蝴蝶面、蒸香菇盒、粟枣汤、江毛水饺、迎江寺素锅贴、韦家巷汤圆、蒋大顺粉蒸肉、肖家桥油酥饼、麻饼、烘糕、寸金、白切、油炸臭干、盐茶单、糖炒麻元、绿豆元、南瓜饼、馄饨、白糖饺子、韭菜盒子、鸡汤小刀面、馄饨饺、冬菇鸡饺、吴鸿发鸡血糊、长春源米粉肉、小南园酒酿元宵、鸡蛋馍、蟹黄小笼汤包、五味斋五味元宵、大雅楼旱饺、明教寺腊八粥、快活林锅贴儿、复兴园油酥烧饼、蛤蟆酥、烧卖、四色小笼、冠顶饺、韭菜春卷、庐阳汤包、小刀面、罗汉脐、鲜肉麻球、小花狮头、蛋蛹酥

文人气质，淡雅宜人

——浙菜

浙江菜简称浙菜，俊秀、端庄、淡雅宜人，真正有一种文人气质。

《黄帝内经·素问·导法方宜论》曰："东方之域，天地所始生也，渔盐之地，海滨傍水，其民食鱼而嗜咸，皆安其处，美其食。"《史记·货殖列传》中亦有"楚越之地……饭稻羹鱼"的记载。由此可见，浙江烹饪已有几千年的历史。春秋时，越王勾践为复国，加紧军备，并在鸡山（今绍兴市的稽山），办起大型的养鸡场，养鸡以充粮草之用。所以浙菜中最古的菜要首推绍兴名菜"清汤越鸡"。其次是杭州的"宋嫂鱼羹"。相传北宋汴梁人宋五嫂随宋室南迁杭州，和小叔在西湖捕鱼为生。一日，小叔感冒，宋五嫂用姜、酒、醋等烧了一份鱼羹，小叔食后很快病愈。此后宋嫂以卖鱼羹为业。一次，宋高宗泊舟苏堤，偶起鲈鱼之思，品尝到宋嫂制的鱼羹，果然味美，便赐银百文。消息传开，缙绅豪贵纷纷下顾，宋嫂遂成巨富。"宋嫂鱼羹"以鲜鲈鱼肉加火腿丝、笋丝、香菇丝，鲜嫩润滑，有"赛蟹羹"之说，至今已有800多年的历史。

浙菜由杭州、宁波、绍兴、温州等地方风味组成，以杭州菜为代表。浙江菜选料追求"细、特、鲜、嫩"。选料精细，取物料精细部分使菜品达到高雅上乘。浙江菜的口味在于咸甜的调味上，甜味一般较重。浙江菜喜欢用腌制的雪菜调理肥腻菜肴的味道，像梅干菜烧肉、烧鸭、烧鱼等，充满了浓厚的乡土风味。烹调方法上以南菜北烹为长见，口味上以清鲜脆嫩为特色。形态上则讲究精巧细腻，清秀雅丽。

杭州菜为浙菜的主流。杭州是中国六大古都之一，自古为文人荟萃之地，乾隆下江南留下不少风流韵事，也留下不少珍馐美食。细腻典雅、极富文化内涵的杭州菜开始在全国火起来，得益于杭州人讲求清淡和原汁原味的饮食习惯。杭州人在吃上头颇讲求诗意的，南宋以来，杭州菜兼收江南水乡之灵秀，受到中原文化之润泽，得益于富饶物产之便利，形成了制作精细，清鲜爽脆、淡雅细腻的风格。杭州菜咸中带甜，在口味上南北交融。杭州菜又称"京杭大菜"，当时贯穿南北的京杭大运河使北方的烹饪方法传入杭州,因此杭州菜的口味比较能为北方人所接受。它不像苏州菜那么甜,也不像上海菜那么浓重。杭州菜的物料以杭州西湖的特产莼菜最为有名,"西湖莼菜汤"色泽悦目,清香奇异,具有清热消渴、解毒的作用。

宁波、绍兴濒临东海,素有鱼盐之便,菜肴多以"鲜咸合一"的独特滋味见长,菜品色泽与口味较浓。用料上,宁波菜取用海鲜居多,烹调方法以蒸炖见长,讲究鲜嫩软滑,注重保持原味。绍兴菜善于烹制河鲜家禽,入口香酥绵糯,汤鲜味浓,富有乡土风味。绍兴的清汤越鸡、鲞扣鸡、鲞冻肉、虾油鸡、蓑衣虾球,宁波的咸菜大汤黄鱼、苔菜小方烤、冰糖甲鱼、锅烧鳗,湖州的老法虾仁、五彩鳝丝,嘉兴的炒蟹粉、炒虾蟹等,都有几百年的历史。

温州地处浙南沿海,古称"瓯",素以"东瓯名镇"著称。由于近闽,"瓯"菜受闽菜影响,多以海鲜入馔,口味清鲜、淡而不薄,烹制方法上以爆、炒见长,轻油、轻芡,注重原料的刀工成形,具有自成一体的饮食风格。三丝鱼卷、三片敲虾等菜是瓯菜的代表。

宁波汤团闻名全国,居江南小吃之冠。汤清光洁,口感佳美,香、甜、鲜、糯、滑,咬开一个小口子,油香会立时流满口。宁波汤团之所以历史悠久,制作精细是根本。汤团选用优质精白晚糯米为主料。其配黑芝麻、猪板油、白糖、桂花做

宁波汤团是闻名全国的小吃,图为师傅正在制作汤团。

浙菜著名菜点

西湖醋鱼、宋嫂鱼羹、砂锅鱼头豆腐、桂花鲜栗羹、新风鳗鲞、蛤蜊黄鱼羹、宁波摇蚶、炸响铃、油焖春笋、叫花童鸡、龙井虾仁、荷叶粉蒸肉、清汤越鸡、咸菜大汤黄鱼、冰糖甲鱼、三丝鱼卷、干菜焖肉、蜜汁火方、三丝敲鱼、兰花春笋、八宝豆腐、西湖莼菜汤、雪菜大汤黄鱼、锅烧鳗、黄鱼羹、三丝拌蛏、奉化摇蚶、白鲞扣鸡、糟溜虾仁、鱼烧豆腐、清汤鱼圆、爆墨鱼花、锦绣鱼丝、马铃黄鱼、双味蝤蛑、桔络鱼脑、蒜子鱼皮、薄片火腿

宁波汤团、麻心元宵、清明艾饼、西湖桂花藕粉、知味小笼、南湖蟹肉包子、湖州大馄饨、幸福双、湖州诸老粽子、西施舌、重阳栗糕、浙南鱼面、金华豆豉、浙江师爷盒、金华干菜脆饼、鱼肉皮子馄饨、湖州千张包、虾爆鳝面、五芳斋粽子、温州豆沙汤团、千层饼、吴山酥油饼、片儿川面、小笼包、南方迷宗大包、葱包烩

料,工艺程序更是严谨。磨粉、制馅、制丸,连汤入碗都十分讲究。

浙菜中最著名的菜是西湖醋鱼。西湖醋鱼的由来有一个美丽的传说,据说,古时西湖边住有宋氏兄弟,以打鱼为生。当地恶棍欲占其嫂,杀害其兄,又欲加害其弟。宋嫂劝小叔外逃,行前特意用糖、醋烧制一条草鱼为他饯行,勉励他苦甜毋忘百姓辛酸之处。后来小叔得了功名,在一个偶然的宴会上吃到甜中带酸的特制鱼菜,终于找到了隐名遁逃的嫂嫂,他就辞去官职重操渔家旧业,后人仿效烹制西湖醋鱼也就随叔嫂传珍的美名,历久不衰地流传下来。

烹制西湖醋鱼一般选用西湖鲩鱼做原料,烹制前饿养两天,使其排净肠内杂物,除去泥土气。后又将鱼先油炸再勾芡的传统旧法,改为用沸水一氽,再用姜丝、糖醋勾芡浇淋,用鸡汤和火腿炖汤为底子。不用油、不用盐、不用味精,却滋味很浓。成菜色泽红亮,肉质鲜嫩,酸甜可口,略带蟹味。

"裙屐联翩买醉来,绿阳影里上楼台,门前多少游湖艇,半自三潭印月回。何必归寻张翰鲈(誉西湖醋鱼胜过味美适口的松江鲈鱼),鱼美风味说西湖,亏君有此调和手,识得当年宋嫂无。"如今,西湖醋鱼这道菜名闻中外,受到世界人民的欢迎。

一汤十变，醇和鲜嫩

——闽菜

福建菜又称闽菜，醇和、鲜嫩、稳重、含蓄，既有一汤十变的意境，又有南海怡人的风韵。

福建古为百越文身之地，异域殊风，饮食与内地向来有很大的区别。福建地处沿海，岛屿星罗棋布，盛产海鲜，所以鱼、虾、螺、蚌等海鲜历来都是福建人的最爱。古籍《闽小记》中所记福建特产有鲟鱼、墨鱼、蛤、蚌、燕窝、土笋等，《福建通志》也记有"两信潮生海接天，鱼虾入市不论钱"的诗句。勤劳勇敢的福建人民用这些物产烹制珍馐佳肴，逐步形成别具一格的闽菜。

闽菜历史悠久，源远流长。秦时，秦始皇设郡，福建开始有"闽"的称谓。闽菜就是在古代闽越少数民族饮食的基础上发展而来的。魏晋南北朝时期，北方动荡不安，大量汉人迁徙到福建，北方人带来的中原饮食化对福建的饮食产生了

福州传统同利肉燕制作工艺展示

很大的影响。唐、宋以来，泉州、福州、厦门先后对外通商，四方商贾云集，经济文化日益繁荣，京、广、苏、杭等地的烹饪技术也相继来到了福建。闽菜在继承传统技艺的基础上，博采各路菜肴的精华，改掉粗糙、油腻的习俗，逐渐朝着精细、清淡、雅致的特点演变，"嗜欲饮食，别是一方"。此时，闽菜已经形成并且越来越成熟了。明清之时，闽菜日趋完善，菜品已经相当精致和丰富。特别是在清末民初之时，福州、厦门等地的闽菜已经形成了新的饮食风尚，日益讲求精美，一大批富有地方特色的老字号名店涌现出来，技艺之高，声誉之隆，行业之盛，前所未有。佛跳墙、鸡茸金丝笋、爆脆蜇皮等闽菜佳肴，使闽菜的声威大振。

福建菜拥有福州、闽南、闽西三种不同的地方风味。其中，福州菜是闽菜的主流，除盛行于福州外，在闽东、闽中、闽北一带也广泛流传。闽菜除了这三大派系之外，厦门南普陀寺、福州鼓山涌泉寺和泉州开元寺的素菜也别具特色。

闽菜最大的特色就在于汤菜的制作。所谓汤菜，就是富于汤汁的菜肴，而并非菜汤。闽菜的汤菜十分考究，变化无穷，素有"一汤十变"的美誉。闽菜的汤菜最能体现菜肴本质和原味，这也是闽菜的精髓所在。佛跳墙为闽菜的"首席"代表，是一道集山珍海味大全的著名汤菜，有"国菜至尊，闽菜之首"的美誉。此菜用刺参、广肚、鱼翅、鲍鱼、珧柱、鸽蛋、蹄筋、鸡、鸭等20多种名贵原料，加骨汤、绍酒、白萝卜球等，以荷叶密封于酒坛中，用文火煨制而成。这款佛跳墙至今已有100多年历史了，关于其来历，还有一段美丽的传说。相传，清时有一群骚人墨客到福州郊外春游野餐，他们把各自带来的不同山珍海味20余种都放在一个酒坛里，

在吟诗之时慢慢地煨着。酒坛中的菜熟了以后,奇香无比,香味飘到附近的一个钟古寺,引诱得一群和尚跨墙而来,想一尝异味。其中一个秀才见状,不禁赋诗曰:"启坛菜香飘四邻,佛闻弃禅跳墙来。"佛跳墙由此得名。如今佛跳墙已随福建华侨扬名海外。

闽菜的调味别具一格,偏于甜、酸、淡。这一风格也与烹调原料多取自山珍海味有关。闽菜还善用红糟、虾油、沙茶、辣椒酱、芥末、喼汁,以及姜、蒜等佐料调味,风格独特。其中,光是红糟的妙用就有炝糟、拉糟、煎糟、灶糟、醉糟等10多种。这些奇特而味美的调味,可以防腐、去腥、增香、调色、醒脾、开胃,是颇

闽菜著名菜点

淡糟香螺片、醉蚌肉、太极芋泥、生炒海蚌、龙身凤尾虾、佛跳墙、鸡汤氽海蚌、沙茶焖鸭块、七星鱼丸、糟醉鸡、煎糟鳗鱼、半月沉江、鼎边糊、朱时来、福州线面、土蚶冻、沙茶烤肉、松子麒麟虾、蟹肉烩银丝、银丝烩金钮、赛鲍鱼、荔枝肉、爆炒双脆、梅菜扣肉、梅菜客家鸡、鲟肉烧蹄筋、鹭岛卷筒鱼、加力鱼火工菜、金鸡晓唱、一锅鸳鸯鱼、醉排骨、紫盖肉、芝麻豆腐、珍珠豆腐、炸鸡排、炸八块、糟片鸭、鱼腩煲、油条西舌、银杏芋泥、银耳川鸭、雪山潭虾、香油石鳞、虾仁汤河粉、西瓜盅、五彩虾松、豌豆鸡丝、三杯鸡、酸菜牛肉、素炒鸡丁、沙锅鱿鱼、芝麻豆腐、醉排骨、花菇玉兰片、虾仁饭煲、红烧狮子头、炝糟鸡脯、桔烧巴、罗汉鸭、炒海蜇、茄子炖鸡汤、捶鸡、葱爆牛肉丝、椒盐肚尖、炸淮山夹、四珍酿笋尖、龙须燕丸、干贝水晶鸡、小长春、煎明虾段、海参羹

黄则和花生汤、吴再添炒茶面、好清香烧肉粽、双全炒面线、新南轩鱼丸汤、好清香面线糊、黄则和馅饼、吴再添土笋冻、吴再添油葱、海蟹糯米粥、新南轩萝卜饼、虾面、鸭肉粥、沙茶面、厦门肉粽、油葱果、海蛎煎、炸五香、厦门薄饼、鱼丸、蚝煎、春卷、锅边糊、手抓面、炒蟹羹、抱滚坩、蛎饼、寿迈、葱肉饼、扁肉、芋饺、米冻、豆腐丸、香芋饼、青草冻、糖烧卖、豆腐包、豆腐脑、米冻皮、金钱蛋、油糍、蛋素、蛋角、泥鳅粉干、五香卷、芝麻咸饼、蛋菇、客家捆饭、芋子包、鸳鸯面、剑蛏

受中外食客欢迎的独特风味。

闽菜的器皿也别具一格,多采用小巧玲珑、古朴大方、大小不一的盖碗,处处体现着雅致、轻便、秀丽的风格。

福建还有品类众多的地方风味小吃,均取材于沿海浅滩的各式海产珍品,配以特色调味而成,堪称美味。如福州的"鱼丸",厦门的"土笋冻",漳州的"五香卷",泉州的"油焗红鲟",三明的"芝麻咸饼""蛋菇",南平的"文公菜""建瓯板鸭",龙岩的"客家捆饭""芋子包",宁德的"鸳鸯面""剑蛏"以及莆田的"醉螃蟹"等,多姿多彩,韵味无穷。

文学家郁达夫系浙江富阳人,但却钟情于福建美食。他在《饮食男女在福州》一文中毫无掩饰地对福建菜夸赞道:"山珍海味,一例的都贱如泥沙……一年四季,笋类菜类,常是不断;野菜的味道,吃起来又比别处的来得鲜甜……作料采从本地,烹制学自外方。五味调和,百珍并列,于是乎闽菜之名,就喧传在饕餮家的口上了。"郁达夫尤其喜欢福建长乐的蚌肉,"色白而腴,味脆而鲜,以鸡汤煮得适宜。长圆的蚌肉,实在是色香味俱佳的神品",无怪乎他会不顾学者风范,"红烧白煮,吃尽了几百个蚌"。郁达夫还很爱吃牡蛎,这些"特别的肥嫩清洁"的牡蛎,"价钱的廉,味道的鲜,比到东坡在岭南所贪食的蚝,当然只会得超过"。郁达夫对福建小吃也是津津乐道,对肉蒸、鸭面、水饺子、牛肉、巾沙鱼等地道的福建小吃爱不释口,念念不忘。他说这些小吃"亦佳且廉",各有长处,食来"倒也别有风味"。

荟萃百家，兼收并蓄

——北京菜

北京是中国的政治、经济、文化中心，其饮食文化的繁荣自然是不言而喻的。但在八大菜系中却并没有北京菜的位置，这大概是很多人百思不得其解的问题。其实，北京菜之所以没有被列入八大菜系之中，主要是因为北京菜品类繁杂，结合了八方美味，因此很难将其归类。虽然说北京菜融合了多种菜系的特点，但这并不意味着北京菜会埋没在其他菜系之中，因为北京菜也有自己的特点。在北京，你或许可以吃到全国甚至全世界的美食，但对于初到北京的人来说，最想品尝的当然还是地道的北京菜。

北京菜简称为京菜，是在北方菜的基础上兼收各地风味后形成的。作为古都，北京有着得天独厚的资源优势，不仅各种各样的食材纷纷运往京城，而且天南地北

位于前门大街的北京烤鸭店。

的名厨也都云集于此。厨师们将各种不同风味的菜肴带进京城，而北京菜也以其博大的胸怀吸收了各种烹饪技艺的长处，形成了自己的独特风格。可以说北京菜是中国众多菜系的荟萃，它不是以一两种菜肴闻名于世，而是能推出几十种甚至上百种风格各异的特色佳肴，这是其他任何菜系都无法比拟的。

以前，在北京从事餐饮行业的山东人非常多，在清代，山东人几乎垄断了北京的饮食行业。当时有所谓的十大堂、八大楼、八大居和八大春，大多都是山东人开办的。因为山东靠近北京，山东人的口味也与北京人的口味接近，因此山东菜在北京很受欢迎。山东菜对北京菜的影响很深，如北京菜中"爆"的烹饪技艺及用葱花炝锅的烹调特点都是从山东菜中吸收而来的。虽然北京菜与山东菜有着较深的渊源，但二者在菜品和口味上都有很大的差别，不能将它们混为一谈。

除了受山东菜的影响较深以外，北京菜受苏菜和浙菜的影响也比较深。清代在北京求官、经商的江苏人和浙江人特别多，这些士大夫的口味都比较高，而且他们自己还会设计菜肴，这样一来就带动了苏菜和浙菜在北京的发展。不过南方人与北方人的口味还是有一定差异的，南方人喜欢甜淡的口味，北方人喜欢咸厚的口味，南方菜要适应北方人的口味，就必须适当地加以改进。比如说苏州人吴闰生创制的"吴鱼片"，就是一道具有江南特色的北京菜。此外，在著名的满汉全席中，也有不少江浙名菜。

在北京菜中，最著名的当属烤鸭和涮羊肉。北京烤鸭素有"天下第一美味"之称，外国人又有"不到长城非好汉，不吃烤鸭真遗憾"的说法，可见北京烤鸭的知名度。鸭并非珍禽，世界各地都有，但若论最佳品种，则必属北京填鸭无疑。据说，只有北京填鸭才能做出美味的烤鸭。不过北京鸭之名并不起源于北京，而是始于美国。当时正是鸭价昂贵的时候，北京肥鸭从英国运往美国，在当地引起了轰动，因此鸭出自北京，于是北京鸭之名便叫响了。

关于北京填鸭的来历,有几种不同的说法。一说是由京杭大运河北上的江南湖鸭;一说是辽代帝王在京都捕获的鹅鸭;一说是明代京郊潮白河所产的"小白眼鸭"。据说,最好的北京烤鸭即是用"小白眼鸭"制成的。北京西郊的玉泉山,气候适宜,物质丰富,十分适合北京鸭的生长,自明代开始,这里一直都是培育北京鸭的基地。此外,北京鸭的育成还与独特的"填鸭"饲养方法有关(古时称为"填嗉"),在贾思勰所著的《齐民要术》中就有了相关的记载。

相传,烤鸭起源于明代金陵(今江苏南京),当时叫作"金陵片皮烤鸭",是宫廷菜中的一种。后来,明成祖迁都北京,烤鸭也就随之传入了北京。其实,早在1500多年前,《食珍录》中就有了"炙鸭"之名。到了宋代,炙鸭已经很普遍了,南宋吴自牧的《梦粱录》中就描述了当时都城临安沿街叫卖熟食"炙鸭"的情景。由此看来,烤鸭并非起源于宫廷,而是一种民间美味,后来才被宫廷所吸收。

北京烤鸭的烤制方法主要有焖炉和挂炉两种。焖炉是先烧秫秸将炉墙烤热,待不见明火时再挂入鸭子,关闭炉门,即暗火烤制;挂炉则是用一段秫秸塞住鸭肛,在鸭膛里面灌入沸水,外皮用明火烤制。相对来说,焖炉烤鸭的肉更嫩一些,鸭皮的汁也更丰盈一些,不过焖炉技术比较难掌握,因此当今使用焖炉烤制的不多;挂炉烤鸭带有果木的清香,皮层酥脆,外焦里嫩,大部分烤鸭店使用的都是这种烤制方法。在北京众多烤鸭店中,以全聚德的挂炉烤鸭和便宜坊的焖炉烤鸭最为有名。

烤鸭的吃法是很有讲究的,鸭子烤好之后,由厨师将鸭肉一片片地片下来,每一片上面都要有肥有瘦,然后配以生葱和面酱,用荷叶饼卷着吃。因为鸭子比较肥,直接吃会很油腻,所以需要搭配佐料佐食,这种吃法也具有明显的山东特色。此外,吃烤鸭还讲究季节。如果季节不对,口感就会大打折扣。一般来说,吃烤鸭以冬、春、秋三季为宜。因为冬春季节的北京鸭肉质肥嫩,秋季的天气条件有利于烤鸭的制作,而且鸭子也比较肥壮。只有夏季是不适宜吃烤鸭的,因为夏季的鸭子肉少膘薄,烤制后鸭皮容易发艮,口感较差。

涮羊肉是另一种具有北京特色的饮食。每到冬天,约上三五好友,围坐在热气腾腾的火锅旁,吃上一顿涮羊肉,真是人生一大快事。在北京,火锅几乎是除了锅碗瓢盆之外最重要的家庭必备品,由此可见北京人对涮羊肉的偏爱。涮羊肉的吃法十分简单,在火锅中倒入鸡汤,待水开后,将切好的羊肉薄片放入锅中,肉熟后夹起来蘸上用香油、麻酱、香菜、腐乳、韭菜花、辣椒油等调好的调料,便可以食用了。在火锅中还可以加入一些自己喜欢的蔬菜,荤素搭配更利于健康。

东来顺涮羊肉制作技艺传承人陈立新现场表演切羊肉片。按他的标准,每片羊肉都是0.9毫米,而每斤羊肉不多不少正好切成100片。

据说涮羊肉起源于元代,是一种宫廷肴馔,因此外国人也将涮羊肉称为"蒙古火锅"。相传当年元世祖忽必烈率兵打仗,在人困马乏的时候,忽然想起了家乡的炖羊肉,便命令厨师宰羊烧火,快快做来。厨师知道忽必烈性情急躁,炖羊肉的时间太长恐怕他等不及,于是便将羊肉切成薄薄的片状,下入沸水,待肉色一变即捞入碗中,撒下细盐。忽必烈吃了非常高兴,还因此而打了胜仗。在庆功宴上,忽必烈又特意要了这道菜,并赐名"涮羊肉",从此,涮羊肉便流传开来了。

也有人说命令军厨去做炖羊肉的人是成吉思汗,涮羊肉是从成吉思汗的时候开始流传的。虽然两种说法人物不一,但都认为涮羊肉起源于蒙古军中。此外,还有一种说法是说涮羊肉始于清初,当时被称为"羊肉火锅",后来才有了涮羊肉的说法。在康熙和乾隆举办的"千叟宴"中,都有羊肉火锅。《旧都百话》中有这样的记载:"羊肉锅子,为岁寒时最普通之美味,须于羊肉馆食之。此等吃法,乃北方游牧遗风加以研究进化,而成特别风味。"据说直到光绪年间,涮羊肉的配方才从宫中流入民间,而这个买通太监偷取秘方的人就是东来顺的老掌柜。直到今天,东来顺的涮羊肉也仍然备受称赞,或许与它的独门秘方有关吧!

名家论吃

饮食男女在福州
——郁达夫

　　福州的食品，向来就很为外省人所赏识，前十余年在北平，说起私家的厨子，我们总同声一致的赞成刘崧先生和林宗孟先生家里的蔬菜的可口。当时宣武门外的中信堂正在流行，而这中信堂的主人就是刘家的厨子，曾经做过清室的御厨房的上海的小有天以及现在早已歇业了的消闲别墅，在粤菜还没有征服上海之先，也曾盛行过一时。面食里的伊府面，听说还是汀洲伊墨卿太守的创作，太守在扬州日久，与袁子才也时相往来，可惜他没有象随园老人那么的好事，留下一本食谱来，教给我们以烹调之法，否则，这一个福建萨伐郎（Savain）的荣誉，也早就可以驰名海外了。

　　福州的菜之所以会这样著名，而实际上却也实在是丰盛不过的原因，第一当然是由于天然物产的富足。福建全省，东南并海，西北多山，所以山珍海味，一例的都贱如泥沙。听说沿海的居民，不必忧虑饥饿，大海潮回，只消上海滨去走走，就可以拾一篮的海货来充作食品。又加以地气温暖，土质腴厚，森林蔬菜，随处都可以培植，随时都可以采撷。一年四季，笋类菜类，常是不断；野菜的味道，吃起来又比别处的来得鲜甜。福建既有了这样丰富的天产，再加上以在外省各地游宦官营商者的数目的众多，作料采从本地，烹制学自外方，五味调和，百珍并列，于是乎闽菜之名，就喧传在饕餮家的口上了。清初周亮工著的《闽小纪》两卷，记述食品处独多，按理原也是应该的。

　　福州的海味，在春三二月间，最流行而肥美的，要算来自长乐的蚌肉，与海滨一带多有的蛎房。《闽小纪》里所说的西施舌，不知是否指蚌肉而言，色白而腴，味脆而鲜，以鸡汤煮得适宜，长圆的蚌肉，实在是色香味俱佳的神品。听说从前有一位海军当局者，老母病剧，颇思乡味；远在千里之外，欲得一蚌肉，以解死前一刻的渴慕，部长纯孝，就以飞机运蚌肉至都。从这一件轶事看来，也可想见这蚌肉的风味了。我这一回赶上福州，正及蚌肉上市的时候，所以红烧白煮，吃尽了几百个蚌，总算也是此生的豪举，特笔记此，聊志口福。

蛎房并不是福州独有的特产，但福建的蛎房，却比江浙沿海的一带所产的，特别的肥嫩清洁。正二三月间，沿路的滩头店里，到处都堆满着这淡蓝色的水包肉；价钱的廉，味道的鲜，比到东坡在岭南所贪食的蚝，当然只会得超过。可惜苏公不曾到闽南去谪居，否则，阳羡之田可以不买，苏氏子孙，或将永寓在三山二塔之下，也说不定。福州人叫蛎房作"地衣"，略带"挨"字的尾声，写起字来，我想只有"诋"字，可以当得。

在清初的时候，江瑶柱似乎还没有现在那么的通行，所以周亮工再说的称道，誉为逸品。在目下的福州，江瑶柱却并没有人提起了，鱼翅席上，缺少不得的，倒是一种类似宁波横脚蟹的蟳蟹，福州人叫作"新恩"，《闽小纪》里所说的虎蟳，大约就是此物。据福州人说，蟳肉最滋补，也最容易消化，所以产妇病人以及体弱的人，往往爱吃。但由对蟹类素无好感的我来看，却仍赞成周亮工之言，终觉得质粗味劣，远不及蚌与蛎房或香螺的来得干脆。

福州海味的种类，除上述的三种以外，原也很多很多；但是别地方也有，我们平常在上海也吃得到的东西，记下来也没有什么价值，所以不说。至于与海错相对的山珍哩，却更是可以干制，可以输出的东西，益发的没有记述的必要了，所以在这里只想说一说叫作肉燕的那一种奇异的包皮。

初到福州，打从大街小巷里走过，看见好些店家，都有一个大砧头摆在店中，一两位壮强的男子，拿了木锥，只在对着砧上的一大块猪肉，一下一下的死劲的敲。把猪肉这样的乱敲乱打，究竟算怎么回事？我每次看见，总觉得奇怪；后来向福州的一位朋友一打听，才知道这就是制肉燕的原料了。所谓肉燕者，就是将猪肉打得粉烂，和入面粉，然后再制成皮子。如包馄饨的外皮一样，用以来包制菜蔬的东西。听说这物事在福建也只是福州独有的特产。

福州食品的味道，大抵重糖，有几家真正福州馆子里烧出来的鸡鸭四件，简直是蜜饯的罐头一样,不杂入一粒盐花。因此福州人的牙齿,十有九坏。有一次去看三赛乐的闽剧,看见台上演戏的人,个个都是满口黄金;回头更向左右的观众一看,妇女子的嘴里也大半镶着全副黄色的金色牙齿。于是天黄黄,地黄黄,弄得我这一向就痛恨金牙齿的偏执狂者,几乎想放声大哭,以为福州人故意在和我捣乱。

将这些脱嫌糖重的食味除起,若论到酒,则福州的那一种土黄酒,也还勉强可以喝得。周亮工所记的玉带春、梨花白、蓝家酒、碧霞酒、莲须白、河清、双夹、西施红、状元红等,我都不曾喝过,所以不敢品评。只有会城各处在卖的鸡老(酪)酒。听说这是以一生鸡,悬于酒中,等鸡骨都化了后,然后开坛饮用的酒,自然也是越陈越好。福州酒店外面,都写酒库两字,发卖叫发扛,也是新奇得很的名称。以红糟酿的甜酒,味道有点象上海的甜白酒,不过颜色桃红,当是西施红等名目出处的由来。莆田的荔枝酒,颜色深红带黑,味甘甜如西班牙的宝德红葡萄,虽则名贵,但我却终不喜欢。福州一般宴客,喝的总还是绍兴花雕,价钱极贵,斤两又不足,而酒味也淡似沪杭各地,我觉得建庄终究不及京庄。

福州的水果花木,终年不断,橙柑、福橘、佛手、荔枝、龙眼、甘蔗、香蕉,以及茉莉、兰花、橄榄等等,都是全国闻名的品物。好事者且各有谱牒之著,我在这里,自然可以不说。

闽茶半出自武夷,就是不是武夷之产,也往往借这名山为号召。铁罗汉,铁观音的两种,为茶种柳下惠,非红非绿,略带赭色,酒醉之后,喝它三两盏,头脑倒真能清醒一下。其他若龙团玉乳,大约名目总也不少,我不恋茶娇,终是俗客,深恐品评失当,贻笑大方,在这里只好轻轻放过。

从《闽小纪》中的记载来看,番薯似乎还是福建人开始从南洋运来的代食品,其后因种植的便利,食味的甘美,就流传到内地去了。这植物传播到中国来的时代,只在三百年前,是明末清初的时候,因亮工所记如此,不晓得究竟是否确实。不过福建的米麦,向来就是不足,现在也须仰给于外省或台湾,但田稻倒又可以一年两植。而福州正式的酒席,大抵总不吃饭散场,因为菜太丰盛了,吃到后来,总已个个饱满,用不着再以饭颗来充腹之故。

饮食处的有名处所,城内为树春园、南轩、河上酒家、可然亭等。味和小吃,亦佳且廉；仓前的鸭面，南门兜的素菜与牛肉馆，鼓楼西的水饺铺，都是各有长处的小吃处；久吃了自然不对，偶尔去一试，倒也别有风味。城外在南台的西菜馆，有嘉宾、西宴台、法大、西来，以及前临闽江，内设戏台的广聚楼等。洪山桥畔的义心楼，以吃形同比目鱼的贴沙鱼著名；仓前山的快乐林，以吃小盘西洋菜见称，这些当然又是菜馆中的别调。至如我所寄寓的青年会食堂，地方清洁宽广，中西菜也可以吃吃，只是不同耶稣的飨宴十二门徒一样，不许顾客醉饮葡萄酒浆，所以正式请客，大感不便。

此外则福建特有的温泉浴场，如汤门外的百合，福龙泉，飞机场的乐天泉等，也备有饮馔供客；浴客往往在这些浴场里可以鬼混一天，不必出外去买酒买食，却也便利。从前听说更可以在个人池内男女同浴，则饮食男女，就不必分求，一举竟可以两得了。

要说福州的女子，先得说一说福建的人种。大约福建土著的最初老百姓，为南洋近边的海岛人种，所以面貌习俗，与日本的九州一带，有一点相像。其后汉族南下，与这些土人杂婚，就成了无诸种族，系在春秋战国，吴越争霸之后。到得唐朝，大兵入境；相传当时曾经杀尽了福建的男子，只留下女人，以配光身的兵士；故而直至现在，福建人还呼丈夫为"唐晡人"，晡着系日暮袭来的意思，同时女人的"诸娘仔"之名，也出来了。还有现在东门外北门外的许多工女农妇，头上仍带着三把银刀似的簪为发饰，俗称她们作三把刀，据说犹是当时的遗制。因为她们的父亲丈夫儿子，都被外来的征服者杀了；她们誓死不肯从敌，故而时时带着三把刀在身边，预备复仇。只今台湾的福建籍妓女，听说也是一样；亡国到了现在，也已经有好多年了，而她们却仍不肯与日本的嫖客同宿。若有人破此旧习，而与日本嫖客同宿一宵者，同人中就视作禽兽，耻不与伍，这又是多么悲壮的一幕惨剧！谁说犹唱后庭花处，商女都不知家国的兴亡哩！试看汉奸到处卖国，而妓女乃不肯辱身，其间相去，又岂只泾渭的不同？这一种古代的人种，与唐人杂婚之后，一部分不完全唐化，仍保留着他们固有的生活习惯，宗教仪式的，就是现在仍旧退居在北门外万山深处的畲民。此外的一族，以水上为家，明清以后，一向被视为贱民，不时受汉人的蹂躏的，相传其祖先系蒙古人，自元亡后，遂被贬为疍户，俗呼科蹄。

科蹄实为曲蹄之别音,因他们常常曲膝盘坐在船舱之内,两脚弯曲,故有此称。串通倭寇,骚扰沿海一带的居民,古时在泉州叫作泉郎的,就是这一种人的旁支。

因为福州人种的血统,有这种种的沿革,所以福建人的面貌,和一般中原的汉族,有点两样。大致广颡深眼,鼻子与颧骨高突,两颊深陷成窝,下颔部也稍稍尖凸向前。这一种面相,生在男人的身上,倒也并不觉得特别;但一生在女人的身上,高突部为嫩白的皮肉所调和,看起来却个个都是线条刻画分明,象是希腊古代的雕塑人形了。福州女子的另一特点,是在她们的皮色的细白。生长在深闺中的宦家小姐,不见天日,白腻原也应该;最奇怪的,却是那些住在城外的工农佣妇,也一例地有着那种嫩白微红,象刚施过脂粉似的皮肤。大约日夕灌溉的温泉浴是一种关系,吃的闽江江水,总也是一种关系。

我们从前没有居住过福建,心目中总只以为福建人种,是一种蛮族,后来到了那里,和他们的文化一接触,才晓得他们虽则开化得较迟,但进步得却很快;又因为东南是海港的关系,中西文化的交流,也比中原僻地为频繁,所以闽南的有些都市,简直繁华摩登得可以同上海来争甲乙。及至观察稍深,一移目到了福州的女性,更觉得她们的美的水准,比苏杭的女子要高好几倍;而装饰的入时,身体的健康,比到苏州的小型女子,又得高强数倍都不止。

"天生丽质难自弃",表露欲,装饰欲,原是女性的特嗜;而福州女子所有的这一种显示本能,似乎比什么地方的人还要强一点。因而天晴气爽,或岁时伏腊,有迎神赛会的关头,南大街,仓前山一带,完全是美妇人披露的画廊。眼睛个个是灵敏深黑的,鼻梁个个是细长高突的,皮肤个个是柔嫩雪白的;此外还要加上以最摩登的衣饰,与来自巴黎纽约的化装品的香雾与红霞,你说这幅福州晴天午后的全景,美丽不美丽?迷人不迷人?

亦惟此之故,所以也影响到了社会,影响到了风俗。国民经济破产,是全国到处都一样的事实;而这些妇女子们,又大半是不生产的中流以下的阶级。衣食不足,礼义廉耻之凋伤,原是自然的结果,故而在福州住不上几月,就时时有暗娼流行的风说,传到耳边上来。都市集中人口以后,这实在也是一种不可避免而急待解决的社会大问题。

说及了娼妓,自然不得不说一说福州的官娼。从前邵武诗人张亨甫,曾著过一部《南浦秋波录》,是专记南台一带的烟花韵事的;现在世业凋零,景气全落,这些乐户人家,完全没有旧日的豪奢影子了。福州最上流的官娼,叫作白面处,是同上海的长三一样的款式。听几位久住福州的朋友说,白面处近来门可罗雀,早已掉在没落的深渊里了;其次还勉强在维持市面的,是以卖嘴不卖身为标榜的清唱堂,无论何人,只须化三元法币,就能进去听三出戏,只剩了田墩的三五家人家。自此以下,则完全是惨无人道的下等娼妓,与野鸡款式的无名密贩了,数目之多,求售之切,到了骇人听闻的地步。至于城内的暗娼,包月妇,零售处之类,只听见公安维持者等谈起过几次,报纸上见到过许多回,内容虽则无从调查,但演绎起来,旁证以社会的萧条,产业的不振,国步的艰难,与夫人口的过剩,总也不难举一反三,晓得她们的大概。

总之,福州的饮食男女,虽比别处稍觉得奢侈,而福州的社会状态,比别处也并不见得十分的堕落。说到两性的纵弛,人欲的横流,则与风土气候有关,次热带的境内,自然要比温带寒带为剧烈。而食品的丰富,女子一般娇美与健康,却是我们不曾到过福建的人所意想不到的发现。

狮子头
——梁实秋

狮子头，扬州名菜。大概是取其形似，而又相当大，故名。北方饭庄称之为四喜丸子，因为一盘四个。北方作法不及扬州狮子头远甚。

我的同学王化成先生，扬州人，幼失怙，赖姑氏扶养成人，姑善烹调，化成耳濡目染，亦通调和鼎鼐之道。化成官外交部多年，后外放葡萄牙公使历时甚久，终于任上。他公余之暇，常亲操刀俎，以娱嘉宾。狮子头为其拿手杰作之一，曾以制作方法见告。

狮子头人人会作，巧妙各有不同。化成教我的方法是这样的——

首先取材要精。细嫩猪肉一大块，七分瘦三分肥，不可有些须筋络纠结于其间。切割之际最要注意，不可切得七歪八斜，亦不可剁成碎泥，其秘诀是"多切少斩"。挨着刀切成碎丁，越碎越好，然后略为斩剁。

次一步骤也很重要。肉里不羼芡粉，容易碎散；加了芡粉，粘糊糊的不是味道。所以调好芡粉要抹在两个手掌上，然后捏搓肉末成四个丸子，这样丸子外表便自然糊上了一层芡粉，而里面没有。把丸子微微按扁，下油锅炸，以丸子表面紧绷微黄为度。

再下一步是蒸。碗里先放一层转刀块冬笋垫底，再不然就横切黄芽白作墩形数个也好。把炸过的丸子轻轻放在碗里，大火蒸一个钟头以上。揭开锅盖一看，浮着满碗的油，用大匙把油撇去，或用大吸管吸去，使碗里不见一滴油。

这样的狮子头，不能用筷子夹，要用羹匙舀，其嫩有如豆腐。肉里要加葱汁、姜汁、盐。愿意加海参、虾仁、荸荠、香蕈，各随其便，不过也要切碎。

狮子头是雅舍食谱中重要的一色。最能欣赏的是当年在北碚的编译馆同仁萧毅武先生，他初学英语，称之为"莱阳海带"，见之辄眉飞色舞。化成客死异乡，墓木早拱矣，思之怃然！

拌鸭掌

——梁实秋

鸡爪，鸭掌，鹅掌，都可以吃。

有人爱吃鸡跖，跖就是鸡足踵。《吕氏春秋》："齐王之食鸡也，必食其跖，数千而后足。"其实鸡爪一层皮，有什么好吃，但是有人喜欢。广东馆子美其名曰凤爪，煮汤算是美味。冬菇凤爪煨汤，喝完捞起鸡爪吮，吐出一堆碎骨。

广东馆子的红烧鹅掌，是一道大菜。鹅体积大，掌特肥，经过煨煮之后膨胀起来格外的厚实，吃起来就好像不只是一层皮了。

拌鸭掌是一道凉菜，下酒最宜。做起来很费事，须要把鸭掌上的骨头一根根的剔出，即使把鸭掌煮烂之后再剔亦非易事。而且要剔得干净，不可有一点残留。这道菜凡是第一流的山东馆都会做，不过精粗不等。鸭掌下面通常是以黄瓜木耳垫底，浇上三和油，再外加芥末一小碗备用。不是吃日本寿司那种绿芥末，也不是吃美国热狗那种酸兮兮的芥末，是我们中国的真正气味刺鼻的那种芥末。

第三章 中国人的主食故事

制作精致，品类丰富

——中国面点

中国面点是中国烹饪的重要组成部分，自古以来就是人们餐桌上不可或缺的必备食品。面点的发展是先有主食、小吃，然后才有点心、糕点，这其中有一个从简到繁、从单一到多样的演变过程。面点的发展与当时社会的物质技术条件有着很大的关系，因此，随着社会的物质技术条件不断提高，面点的制作也越来越精良，并不断推出新的品类。发展到今天，中国面点的种类已经十分丰富，而且制作精致，口味独特，不仅深受国人的喜爱，就连外国友人也对中国的面点赞不绝口。

在商代以及商代之前，面点食品非常简单，主要就是糗（谷物熬熟后晾干捣粉）之类的面食。直到春秋战国时期，才出现比较多的面点品种。从西周开始，农业的发展就受到了很大的重视，因此，谷物的种类开始不断增多，出现了稻、黍、麦等各种不同的品种。同时，谷物加工技术也有了很大的进步，石磨的发明实现了从粒食到粉食的过渡，对面点的发展具有重大的意义。此外，调味品和炊具的多样化使得面点的种类不断增多，据史料记载，从西周到战国时期的面点大约有20种。

春秋战国时期的面点主要以稻米和黍米为原料，油料主要使用的是猪油、羊油等动物油，在制作面点时也开始使用盐、蜜等调料，烹制手法有蒸、炸、烤、烙等。当时较具代表性的面点有饵、酏食、糁食、炬籹等。饵是一种蒸制的糕，以稻米和黍米合蒸为之；酏食，是以酒酏制作的一种饼，这大概是中国最早的发酵饼；糁食是一种宫廷食品，是用稻米粉加牛、羊、豕肉丁制成的一种油煎饼；炬籹是以

煎饼图　三国
图中的婢女头梳发髻,身穿彩衣,蹲跪在一个热气腾腾的平底锅前烧火煎饼,身后还有两大盆待煎烤的原料。

蜜和米面煎制成的,类似于后代的馓子,《楚辞集注》曰:"粔籹,环饼也。吴谓之膏环,亦谓之寒具。"

到了汉代,面点的种类迅速增加,而且开始在民间普及。汉末刘熙的《释名·释饮食》中记载:"饼,并也。溲面使合并也。胡饼作之大漫沍也,亦言以胡麻著上也。蒸饼、汤饼、蝎饼、髓饼、金饼、索饼之属,皆随形而名之也。"这里的胡饼即为炉烤的芝麻烧饼,蒸饼类似于今天的馒头,汤饼是水煮的揪面片,为面条的前身,索饼也类似于面条,髓饼是用动物骨髓、油脂和面制成的炉饼。此外,在汉代还出现了节日吃面的习俗。据《西京杂记》记载:"九月九日,佩茱萸,食蓬饵,饮菊花酒,令人长寿。"

魏晋南北朝时期是中国面点发展的高潮期之一。这一时期面粉的加工已经非常精细,发酵方法的使用也开始普遍,并出现了蒸笼等炊具和面点成型器,面点的种类更加多样化,制作也更为精细。这时的面点主要有馒头、棋子面、膏环、烧饼、薄壮、汤饼、豚皮饼、蒸饼等,据说馄饨、春饼、煎饼等也是在这一时期出现的。这些面点不仅风味多样,而且制作也达到了较高的水平。如蒸饼可以蒸得使顶端"坼十字",类似于后来的开花馒头。

在魏晋南北朝时期,不仅面点的制作工艺得到了进一步的发展,而且还出现了相关的著作,如扬雄的《方言》、刘熙的《释名》、崔寔的《四民月令》以及贾思勰的《齐民要术》等等。此外,这一时期出现了更多吃面的习俗。如在北方某些地区,

狗不理包子门前的"店小二卖包子"铜雕。

有"春日吃馒头、夏日吃薄壮、秋日吃起溲、冬日吃汤饼"的习俗；在荆楚地区，则有"立春啖春饼、夏至食粽、伏日作汤饼"的习俗。

到了隋唐五代，已有的面点得到了进一步的发展，派生出许多新的花色和品种。比如说"花形馅料各异"的二十四气馄饨、名品古楼子、过水凉面槐叶冷淘、莲花饼餤等，都是在已有面点馄饨、胡饼、面条、蒸饼等的基础上发展出来的新品种。除了已有品种的新发展之外，还出现了一些新的品种，比如说包子、饺子等。"包子"一词始见于《清异录》，其中记载了"张手美家"所卖的节食，伏日为绿荷包子。这一时期并没有出现"饺子"一词，但从新疆吐鲁番的一座墓葬中，曾挖掘出保留完好的饺子，这就足以证明唐代已经出现了饺子，并且已经传到了中国西部。

隋唐五代面点的一大特点是出现了食疗面点，实现了医学与饮食的结合。对此，《食疗本草》和《食医心鉴》中均有所记载。以动植物食药和面粉为原料，制成各种面点，在果腹的同时也达到了治病强身的目的，如著名的生姜末馄饨、羊肉索饼、野鸡肉饼等。在唐代，面点开始进入宴席，唐代韦巨源的《烧尾宴食单》中就有20多道面点。此外，唐代也是中外文化交流空前繁荣的朝代，因此有不少西域饮食传入中原，同时也有不少中国饮食传到国外。日本人将中国的馓子、蒸饼等面点称为唐果子，即是中国面点外传的最好证明。

宋元时期是中国面点的全面发展阶段。这一时期，面点制作技术迅速提高，新品种相继推出，早期的面点流派也是在这时产生的。这一时期出现了多种多样的和面方法、成形方法和成熟方法，馅心原料和浇头也是应有尽有，因此，面点的花样也是十分丰富，角子、月饼、烧卖、卷煎饼、元宵、麻团等都是这一时期的面点。角子即饺子，此时已出现了水晶角儿、煎角儿等多个品种；月饼当时还不是中秋食品，只是市肆面点；烧卖为薄面皮包裹馅心，开口处捏折而成；卷煎饼为薄饼卷馅心油炸而成，类似后代的春卷；元宵用糯米粉制成；麻团为中空的面团外裹芝麻油炸而成。

宋元时期的饮食业非常繁荣，北宋汴京、南宋临安和元大都都有很多面点店，各类面点品类繁多，令人眼花缭乱。除了面点店，很多酒楼里也开始经营面点。为了满足不同人群的需要，汴京和临安出现了很多北食店、南食店和川饭店，在经营酒菜的同时也经营面点，这就是早期的面点流派。此外，少数民族的面点在这一时期发展得比较迅速，出现了很多有名的面点，如契丹族的年糕，金人的大软指、小软指，西夏人的花饼，女真族的高丽粟糕等。

明清时期是面点发展的又一高潮，面点的制作工艺进一步提高，新品种不断涌现，中国面点的风味流派也是在这一时期初步形成的。明清出现的新品种主要有春卷、火烧、青糕、油条、锅盔等；旧品种也发展出了很多新花样，如包子有汤包、水煎包等多种品类，面条有手抻面、刀削面、油泼面、五香面、担担面等品种，粽子也有水果、豆沙、火腿等不同的馅料。随着面点制作的渐趋成熟，各地的特色小吃也逐渐脱颖而出，独领风骚。比较著名的有苏杭的汤团、淮扬的三丁包、云南饵丝、天津的狗不理包子、北京的驴打滚、内蒙古的哈达饼等。

在宴席中，面点的位置也有所提高，一般的宴席中都要上一两道面点，有时甚至要上四五道。明清时的节日面点已经基本定型，与我们现在的相差不多，如春节吃年糕、十五吃元宵、立春吃春饼、端午吃粽子、中秋吃月饼等。此外，面点流派

也已经基本形成,主要有京式、苏式和广式三大流派。小吃按地域不同分出很多分支,如北京、天津、山东、广西等。点心则出现了百花齐放的情况,比较著名的有北京宫廷御点、山西民间礼馍、苏州市肆粉点、扬州富春茶点、广州早茶细点、杭州灵隐斋点等。

到了现代,面点的繁荣达到了空前的高度,无论是面点的制作原料还是制作工艺,都有了很大的提高和改善。随着中外饮食文化的交流不断加深,国外的面点不断涌入中国,中国的面点也纷纷走出国门,这也在一定程度上促进了中国面点的发展。由此看来,面点的发展从来都没有停止过,在不同的历史时期,总是有适合当时人们口味的新品种问世。

纵有珍肴万席，不如饺子一垫

——饺子文化

饺子是深受中国人喜爱的一种面食，也是中国的特色元素符号之一。关于饺子的起源，历来都是说法不一。比较普遍的一种说法是饺子起源于唐代。据说唐太宗喜欢吃丸子，但又怕油腻，所以就让厨师在肉中加菜，制作清淡一些的丸子。厨师照做了，可是加了菜的丸子不能成型，于是厨师就想了个办法，将丸子用面皮包住水煮，结果唐太宗非常喜欢，连称好吃，从此后饺子就流传开来了。当然，那个时候的饺子还不叫饺子，而是叫牢丸。

在各种面食之中，饺子在中国人心目中的地位是非常高的，这一点从人们的节日饮食中就可以得到证明。俗话说得好："初一的饺子初二的面，初三的合子围锅转。"春节是中国人最看重的节日，而饺子就是春节食品中不可缺少的重要角色。除夕晚上的饺子是一定要吃的；初一早上的饺子也是必不可少的；初三要吃合子，而合子也是饺子的一种；初五还要吃饺子，初五被称为破五，在这天吃饺子有捏破之意。

饺子成为中国人的节日食品并不是偶然的，而是因为其本身就有着吉祥的寓意，符合春节的节日气氛。最常见的饺子形如元宝，过年食用有财源广进之意，符合人们的祈富心理。一家人围在一起包饺子、吃饺子，也有一种祥和、喜庆的过年气氛，而且还可以增添浓浓的亲情。品尝饺子并不仅仅是在品尝饺子本身的味道，更多的是在品尝亲情，享受团圆。所以说，饺子不止是一种食品，还有着更丰富的内涵。

春节吃饺子并不是近代才有的新规定，而是从古代承袭下来的。饺子成为春节的当家食品究竟源起何时，目前还没有确切的史料记载，但在明代的《明宫史》中，就已经记载了除夕吃饺子的情

各地（民族）不同的除夕吃饺子习俗

苏杭一带：除夕夜吃蛋饺和胖头鱼，但鱼只吃鱼身，留下头和尾，寓意金银元宝和有头有尾。

云南昆明：除夕年饭吃大豆制成的饵块，寓意五谷丰登。

东北三省：除夕夜吃酸菜猪肉饺子，意为酸宝（即栓宝）。

河南：将饺子与粉皮一起煮，意为"玉带缠宝"。

陕西：将饺子和面条一起煮，意为"金丝穿元宝"。

山东：必须吃素饺子，不能放荤，寓意新的一年素素静静，平平安安。

蒙古族：吃水饺，烤羊腿，围火而食，并向长辈敬"辞岁酒"。

满族：吃饺子、豆包、血肠、鱼等。

景。"五更起……饮椒柏酒，吃水点心，即扁食也。或暗包银钱一二于内，得之者以卜一岁之吉。"这里的扁食即是指饺子。直到现在，有些人家在过年包饺子的时候也仍然会包进去一两枚洗干净的硬币，谁吃到了就预示在新的一年里会财运亨通。此外，也有人在饺子里面包入花生、红枣、糖块等，预示长寿、红火和甜蜜。

由于饺子有着丰富的文化内涵，因此在春节吃饺子的时候，也有很多讲究。首先，馅要清素，预示新的一年顺顺利利，素素静静；其次，家里能干活的人必须全部动手，寓意亲和人气旺；再次，煮饺子的时候必须用秸秆，寓意生活节节高；最后，吃前要先放炮，意为驱邪除恶，吃的时候必须按辈分高低依次进食，辈分高的先吃，小孩不能上桌，而且一定要吃双数才吉利，不能吃单数。当然，现在已经很少有人严格遵守这些规矩，毕竟时代已经变了，传统的规矩也应该适应时代的发展而有所改变。

除了春节之外，中国还有冬至吃饺子的习俗。俗话说得好："冬至不端饺子碗，冻掉耳朵没人管。"为什么会有这样的俗语呢？难道冬至吃了饺子就不会冻耳朵了吗？这样的说法当然是不可信的，不过关于冬至吃饺子，倒是有一段传说。据说在东汉时期，医圣张仲景见到白河两岸的人民饥寒交迫，骨瘦如柴，不少人的耳朵都冻得僵硬溃烂，很是不忍。于是，他让弟子将羊肉、辣椒和驱寒药材一同煮，然后切碎，再用面皮包成耳朵状的"饺饵"接着煮，便成了"祛寒饺饵汤"。众人吃后两耳发热，寒气全消，冻耳很快就好了。人们为了纪念张仲景，就在每年的冬至都包饺饵。

饺饵就是饺子。饺子在历史上有很多名称，如饺饵、牢丸、粉角、角子等，今天之所以叫饺子应该是讹读的结果。除了节日，在很多重要的场合，饺子也是必不可少的食品。比如说在人们庆祝丰收的时候，都要吃饺子。吉林长白山的猎民在猎得野猪的时候，也会围着篝火包野味饺子。此外，每当家中有人要出远门的时候，家人都会包饺子为他饯行，预示出走的人在外面可以赚更多的钱财，所以民间也有"送行饺子接风面"的说法。

现在，我们可以根据自己的喜好选择馅料，包自己喜欢吃的饺子。事实上，各地的饺子在口味上确实有很大的差别，这当是饺子"入乡随俗"的结果。无论走在哪一座城市的街头，都可以看到各种各样的饺子馆，但在众多饺子馆中，当属老边饺子馆和白记饺子馆历史最久。老边饺子馆始创于清道光年间，以创始人姓边，因此取名老边饺子馆，其以海参、干贝和虾仁做的三鲜水饺，受到了中外食客的一致好评。白记饺子馆始创于光绪年间，其制作的铃铛饺，肉馅抱团，用筷子夹起来会通通作响，令人拍手叫绝。

在西安，有一家集古今包饺子技艺之大成的饺子馆，蜚声海内外。这家饺子馆以鸡、鸭、鱼、肉、猴头蘑、海参、鱼翅等为馅料，可做出酸、甜、麻、辣、咸五种口味的饺子。厨师们还将108种饺子分别编成百花宴、牡丹宴、龙凤宴和宫廷宴四种宴席，深受海内外食客的欢迎。

大江南北,遍地开花

——中国的面条

面条可以说是当今最热门的食品,也是最简单、最普通的食品。无论是餐馆的师傅还是乡村的家庭主妇,都可以做出美味的面条。

当然,面条的简单是有条件的,那就是面已经被加工成条了,否则就谈不上简单了。从超市买来的方便面、挂面、手擀面等,可以直接入水煮,但要将面粉制成面条,可就需要一点儿时间和手艺了。面条的制作方法有很多种,比如说切面、压面、削面、抻面等。要制作面条,首先要将面和好,然后再选择切、压等手法。最简单的是切面,将面团擀薄,叠好,然后用刀切细就制成了。削面和抻面则需要一定的功夫,尤其是抻面,很难成功。

抻面的技术性很强,要制好抻面必须掌握正确要领,即和面要防止脱水,晃条必须均匀,出条要均匀圆滚,下锅要撒开等。图为师傅正在进行抻面表演。

面条的吃法很多，比如说连汤一起吃的汤面、煮好后浇卤汁的打卤面、煮好后再过凉水的凉面、煮好后捞起放凉再用油炒的炒面等等。一般来说，随着季节的更替，面条的吃法也要发生改变。比如说冬天更适合吃热气腾腾的汤面，夏天则更适合吃过凉水的凉面。浇头面条的浇头和作料非常丰富，多达200余种，如果是自己做，也可以根据自己的口味搭配浇头和作料。正因为做法和作料都比较灵活，因此面条的口味非常丰富。可以说，每个人都可以做出一种风味独特的面条，这也是面条的魅力之所在。

面条最初被称为汤饼，有关汤饼的记载，最早见于汉代的史料，但这并不意味着中国人从汉代才开始吃面条。面条究竟源起何时，世界上一直争论不休，关于面条的起源国，也存在着很大的分歧。意大利人说面条起源于意大利，阿拉伯人说面条起源于阿拉伯，中国人则说面条起源于中国。最近中国的考古学家在青海喇家遗址中，发现了一碗古老的面条，颜色金黄，形状细长，与今天的拉面很相似。这一发现说明了中国早在4000多年前就已经有了面条，从而结束了世界上有关面条起源的争论。

面条虽然好吃，但是却不易储藏，也不便携带。后来，经过人们的反复琢磨和研究，终于解决了这个问题，发明了一种既容易储藏又方便携带的面条，也就是挂面。历史上有关挂面的最早记载是在古典小说《水浒传》中。《水浒传》第五十四回，淫僧裴如海向潘公所赠的礼物中，就有"些少挂面，几包京枣"。《水浒传》成书于元末明初，由此可知挂面的历史至少也已经有600多年了。此外，明初刘基的《多能鄙事》中，记载了一种索面，是加了油和盐再晒干制成的，这应该是在原始挂面的基础上演化而来的。

除了挂面，另一种广受欢迎的方便面食就是方便面。众所周知，方便面是日本于1958年率先生产的，但很多人不知道的是，方便面的根其实也在中国。方便面的始祖应该是南北朝时期的棋子面。关于棋子面，贾思勰的《齐民要术》中有着详细的记载。将面团在干面粉中搓成筷子粗细，切成棋子般大小，再簸去干面粉。将

面上屉蒸熟,然后取出晾凉,待晾干后装入袋中,就可以随煮随吃了。在清代出现的五香面以及八珍面,则应该是当今鸡味、虾味等口味方便面的直系祖先了。

中国人有过生日吃面条的习俗,过生日吃的面条被称为寿面,有祝福长寿之意。如果给老人祝寿,一般要选择一根面,祝福老人的寿年像面条那样绵长。关于寿面的由来,《唐书》中记载了这样一个故事:唐玄宗因王皇后无子而欲废之,她求情道:"陛下独不念阿忠脱紫半臂易斗面,为生日汤饼邪?"(陛下难道忘了当年太上后皇被幽之时,家中无粮,我父亲脱下衣衫换来面粉为陛下做汤饼祝寿了吗?)此外,还有一则轶文说,西汉的东方朔说彭祖能活到800岁,是因为他面长的缘故,于是民间就以长长的面条来祝寿。

除了过生日吃的寿面以外,有些地方在春节和二月初二的时候也有吃面条的习俗。陕西、山西的农村有大年初一吃面条的习俗,寓意新的一年宽心如意,健康长寿;朝鲜族人民也有春节吃荞麦冷面的习俗,祈求长寿。在陕西、山西、河北的农村,每到二月初二,家家户户都要吃上一顿龙须面,意即拉住了龙须,祈求五谷丰登。此外,在新婚或满月的时候,面条也常常充当"喜面"的角色。如在山西,新婚后的新人三日回门时,岳母要做拉面,寓意将小两口拉在一起,永不分离;在婴儿满月的时候,亲友来贺喜也必须要备上"喜面"。

谈到中国的面条,可以说是大江南北,遍地开花,每个地方都有自己的特色,都有叫得响的面食。比如说山西的刀削面、陕西的臊子面、兰州的拉面、北京炸酱面、河南的烩面、上海的阳春面、四川的担担面、山东的伊府面、武汉的热干面等等,都是深受国人喜欢的面食,很难说它们之中哪一个更优,只能说各有千秋。

农耕文化的精髓

——米文化

中国人的主食除了面就是米，米饭已经成了大多数家庭必不可少的主食之一。米饭在中国人饮食中的重要地位与其悠久的历史是分不开的。早在7000多年前，中国就已经开始种植水稻。随着农耕技术的提高和推广，水稻的种植也更加普遍，并出现了很多新品种，在春秋战国时期的著作《管子·地员》篇中，就记载了10种水稻的品名。到了汉代，稻谷种植得到了进一步的发展，仅《齐民要术》一书中，就记载了36个品种，如虎掌稻、紫芝稻、青函、乌稻、大香稻、小香稻等。

到唐代时，广东已经出现了双季稻。明代的稻谷种植技术开始渐趋成熟，稻谷的种类也是籼、粳、糯分明，早、中、晚齐全，并出现了有关水稻栽培和品种方面的著作。明代宋应星的《天工开物·乃粒》中有这样的记载："凡稻种最多，不粘者，禾曰秔，米曰粳；粘者，禾曰稌，米曰糯……凡稻谷，形有长芒、短芒、长粒、短粒、尖粒、圆顶、扁面不一。其中米色有雪白、牙黄、大赤、半紫、杂黑不一。"由此可见，明代时的稻谷种类已经十分丰富了。

到了现代，稻谷的种植和品种更是发展迅速，中华大地开始普遍种植水稻。在品类上，除了一般的籼米、粳米、糯米之外，还出现了很多闻名遐迩的名品，比如说苏南粳米、常熟鸭血糯、天津小站米、湖南的颗砂御

《耕织图册·收刈》 清

米、四川的寸谷、浙江的蒸谷米、山东的曲阜香米、广西的东兰墨米、江西石城贡米、北京的京西米、辽宁的盘锦大米等。这些名品的出现不仅带动了地方经济的发展，而且也为中国米文化的发展奠定了坚实的基础。

随着稻谷生产的发展，稻米的加工技术也不断进步，这也在一定程度上促进了米文化的发展。在稻谷生产和稻米加工发展的同时，出现了各种各样的米食品，其中最具代表性的要数米饭和米粥。在《汲冢周书》中有"黄帝始蒸谷为饭"的记载，但从出土的文物来看，米饭的历史应该要更早一些。春秋战国时期以前，米饭的制作方法一般都是蒸，而且蒸饭也是当时长江流域居民的主食。

战国之后，米饭的制作方法开始丰富起来，有蒸、煮、捞等。制作方法的差异再加上配料的不同，使得米饭的种类也是千差万别。在广东等地有一种青粳饭，是用白粳米浸在南烛木叶及茎皮煮取的汁中，待米上色后蒸熟晒干，然后再浸汁，再蒸，再晒干，经"三蒸晒"而成。青粳饭本是道家食品，后来又被佛家所用，大多在四月初八浴佛节的时候制作。李时珍说，食用青粳饭可以"不饥，益颜色，坚筋骨"。

在北京、东北等地的民间，流行一种包儿饭，也有人称其为菜包、菜团子。早在明代，包儿饭就已经很流行了。据《明宫史》记载："（四月）又以各样精、肥肉、

中国是世界上水稻栽培历史最早的国家，早在7000多年前，中国人就开始种植水稻。数千年来，人们春种、夏耘、秋收、冬藏，从稻谷中获得温饱，获得满足。

藤羹是诸暨当地的特色小吃,用米粉手工制作而成,因其特有的米香而深受人们喜爱。藤羹一般要经过将粳米浸泡、研磨、上匾、蒸制、烘干等多个步骤。每当晚米入仓、寒风渐起之际,家家户户开始蒸藤羹,雾气缭绕中散发着独特的稻米清香。

姜、葱、蒜剁如豆大,拌饭,以莴笋大叶裹食之,名曰包儿饭。"包儿饭所用的菜叶、饭和菜可以根据自己的喜好及季节的变换自由搭配。相传包儿饭是努尔哈赤带兵打仗时,当地的妇女为了方便兵士行军打仗给他们带在路上吃的,后来就成为了一种富有特色的满族食品,并一直流传到了今天。

新疆有不少特色美食,手抓饭即是其中一种。顾名思义,手抓饭就是用手抓着吃的饭。新疆手抓饭的品种很多,比如说以葡萄干等原料制成的甜味抓饭、以羊肉等原料制成的羊肉抓饭等等。其中,最受欢迎的当属羊肉抓饭。将羊肉切成小块,下油锅煸炒,加入葱、姜、孜然等调料,然后加水烧沸,再放入淘净的大米共同焖煮成饭,一盘羊肉抓饭就做好了。除了手抓饭,竹筒饭也是一种富有民族特色的食品,在傣族、黎族等少数民族中比较流行。将米淘净后放入竹筒,塞紧筒口,然后放在火上烧烤,便制成了一筒竹香扑鼻的竹筒饭。

粥的历史与饭差不多,但相对饭来说,人们对粥似乎更感兴趣,因为粥不仅可以果腹,而且还可以强身祛病、益寿延年。宋人张耒说:"每日起,食粥一大碗,空腹胃虚,谷气便作,所补不细,又极柔腻,与肠胃相得,最为饮食之妙诀也。"苏轼也有类似的看法:"夜饥甚,吴子野劝食白粥,云能推陈致新,利膈益胃。粥后一觉,妙不可言也。"陆游曾作诗云:"世人个个学长年,不悟长年在目前,我得宛丘平易法,只将食粥致神仙。"由此可见,古人对粥是十分青睐的。

古人早就发现了粥的食疗作用，将不同的材料与米同熬成粥，即可发挥不同的食疗作用。比如说莲子粥"益精气，强智力，聪耳目"；鹿尾粥可"大补虚损"；燕窝粥"色白治肺，质清化痰，味淡利水"等。现代人也非常注重粥的养生功效，目前市场上出现的各种养生粥谱即是很好的证明。在熬粥的时候，古人的一些经验是可以借鉴的。如清代黄云鹄的《粥铺》中说："水宜洁，宜活，宜干。火宜柴，宜先文后武。罐宜沙土，宜刷净。米宜精，宜洁，宜多淘。上水宜稍宽，后毋添……"

除了米饭和米粥以外，米制品还有很多其他的种类，如米线、米粉、元宵、粽子、米糕锅巴、米酒、粑粑、饵块、炒米等。米制品虽然是生活中的常见食品，但也有不少米制品和节日挂上了钩。如农历九月九日重阳节的时候要吃米糕，寓意"百事皆高"；农历五月五日端午节的时候要吃粽子，以纪念伟大的诗人屈原；农历腊月初八要吃腊八粥，相传这是佛祖释迦牟尼得道成佛的日子……这些节日的出现无疑对米文化的发展起到了一定的促进作用，且随着国人对传统文化的日益重视，米文化也必定会得到进一步的发展。

宁可食无馔，不可饭无汤

——悠久的汤文化

人们常说"无酒不成席"，其实无汤也同样不成席。一桌丰盛的菜肴，如果缺少一道汤，那就会失色不少。汤往往是宴席上的点睛之笔，无论肴馔多么丰盛，汤都是必不可少的。法国著名厨师路易斯·古伊说："汤是餐桌上的第一佳肴。"中国同样流传着"宁可食无馔，不可饭无汤"的说法，可见中国人也是非常看重汤的。无论是国宴还是家宴，无论上四道菜、六道菜还是八道菜，都少不了一道汤，四菜一汤或八菜一汤等也成了中国人的宴请习惯。

中国的汤文化历史悠久，在2700多年前的食谱上，就已经出现了十几道汤菜。据史学家考证，

煨汤 剪纸 现代 袁远驹

中国的汤文化历史悠久，有"宁可食无馔，不可饭无汤"的说法。不同地域，食汤饮汤各不相同，有些地方还与药材结合，起到健体养生的功效。

最早喝汤的历史并不在中国，但有关汤的最早食谱确实是在中国发现的。当时有一道汤叫做"银海挂金月"，也就是"鸽蛋汤"，至今仍在沿用。到唐宋时期，民间有"客到则设菜，欲去则投汤"的民俗，可见当时喝汤已经非常普遍了。发展到今天，汤的种类已经十分丰富，可以满足不同人的不同需求。

汤的原料非常广泛，绝大多数食物都可以做出美味的汤，而且可以根据个人喜好调出最适合自己的口味。在很多人看来，做汤应该是非常简单的，但事实却并非

如此，确切地说，要做出真正的好汤绝非易事。"菜好烧，汤难吊"，这是历代厨师的经验之谈。要做出美味可口的汤，没有精湛的技艺、不掌握要领是绝对不行的。

汤的原料以鲜味浓厚的动物性原料为宜，一般选择母鸡，而且必须是宰杀后体重在三斤以上的老母鸡，越老就越好。在以鸡为主料的前提下，可以加配一些其他的辅料，比如说瘦猪肉、火腿、鸭子、骨头等。原料以大块整只下锅，加冷水，水要一次性加足，不能中途续加。锅烧开之后，撇去浮沫，加入葱、姜、料酒即可熬制，一定要等到最后的时候再加盐，以免破坏汤汁的鲜味。此外，熬汤的火候也非常重要，一定要把握准，过大或过小都会影响汤汁的鲜美。

提起喝汤，就不得不提到两个地方，广东和江西。广东的汤天下闻名，广东人不仅爱喝汤，而且个个是煲汤的高手，尤其是广东的女人，更是煲得一手的好汤。亦舒曾经说过："女人煲得一手靓汤，不愁没有出路。"广东人认为喝汤最有营养，适合养生，所以广东人煲汤是非常讲究的。

江西人也十分讲究喝汤，而且也很会做汤，江西民间的瓦罐煨汤也是汤品中的大乘，而且还获得了专利。将一个个小瓦罐一层层地码在大瓦缸内，然后点燃黑焦炭等保持恒温7个小时，称之为煨。瓦罐煨汤对火候的把握和配料的选择非常讲究，很考验厨师的技艺。煨汤是非常费时的，但只有久煨才能将原料

延伸阅读

相传朱元璋当上皇帝之后，有一年遇上了天灾，各地粮食歉收，百姓生活苦不堪言，可就在这种情况下，有些官员仍然穷奢极欲，尽情享乐。出身贫苦的朱元璋见状非常恼火，他决心进行整治。恰逢皇后生日庆典，当文武百官入席就座以后，朱元璋命宫女开始上菜。第一道菜为炒萝卜，第二道菜为炒韭菜，接着又上了两大碗青菜，最后是一道极其普通的葱花豆腐汤。宴后，朱元璋当众宣布："今后众卿请客，最多只能'四菜一汤'，这次皇后的寿筵席即是榜样，谁若违犯，严惩不贷。"从此后，四菜一汤便流传开来了。

的鲜味和营养成分充分溶解在汤中，这也是瓦罐煨汤美味的重要原因。曾有诗赞美瓦罐煨汤曰："民间美味五千年，四海宾客常流连。天下奇鲜一罐收，过了此馆无此店。"

汤除了美味之外，也是很好的养生保健佳品。因为汤在熬制的过程中，原料的营养成分都充分溶入了汤中，人通过喝汤就可以吸收到这些营养成分，大大提高了营养的吸收率。再加上很多食物都有医疗作用，因此喝汤也可以达到食疗的目的。如果从汤的鲜美来看，广东的老火靓汤和江西的瓦罐煨汤都是汤中极品，但很多人都没有耐心熬这样的汤，尤其是整天朝九晚五的上班族，根本没有充足的时间在家里煲汤。对于这些人来说，简单的汤品或许更适合他们日常食用。有一种五色保健汤，用五种颜色的食物共同熬制，可以实现营养的均衡摄入，具有很好的保健功效。

喝汤的时间最好选择饭前，尽量避免在饭后喝汤。这是因为饭前喝汤，一方面可以润滑口腔和食道，防止干硬的食物刺激消化道黏膜，有润滑剂的作用；另一方面，可以起到稀释和搅拌食物的作用，有利于消化和吸收；更重要的是，饭前喝汤可以占据胃的容积，并通过胃黏膜迷走神经的传导反射到食欲中枢，使人出现饱腹感，抑制了食欲。有研究表明，在饭前喝一碗汤，可以让人少吸入 100～190 千卡的热能。所以说，饭前喝汤可以促进人的消化和吸收，保护消化器官，减少能量的摄入，不仅使人苗条，还可以让人更健康。

相对而言，饭后喝汤则有很多弊端。人在饥饿的时候是食欲中枢最兴奋的时候，这时进餐会增加人所吸收的热量，等到出现饱腹感的时候，其实已经是热量超标了，如果在这个时候再喝一些汤，就会造成营

养过剩,使人肥胖。此外,在饭后喝汤还会冲淡胃液,影响消化和吸收,对健康无益。

在中国,南方人比较喜欢在饭前喝汤,而且汤的营养丰富,大多是老火靓汤,很容易让人产生饱腹感,减少食欲;而北方人则喜欢饭后喝汤,且汤里面的油水很多,大多是吃饱了以后再喝,把胃都撑大了。所以说,北方人普遍比南方人胖,就是这个道理。

在喝汤的时候,要放慢速度,给身体消化吸收的时间。如果喝得过快,就很容易造成营养堆积,影响食物的消化和吸收。此外,不能喝太烫的汤。因为人的口腔、食道、胃粘膜所能承受的最高温度就是60摄氏度,如果超过了这个温度,就会造成粘膜烫伤。虽然说人的皮肤有自我修复能力,但是长此下去将会导致消化道的粘膜恶变,很容易诱发食道癌。至于汤的种类,可以根据自己的喜好随意搭配,但切忌单一,以免造成营养失衡。

名家论吃

饺子
——梁实秋

"好吃不过饺子，舒服不过倒着。"这是北方乡下的一句俗语。北平城里的人不说这句话。因为北平人过去不说饺子，都说"煮饽饽"，这也许是满族语。我到了十四岁才知道煮饽饽就是饺子。

北方人，不论贵贱，都以饺子为美食。钟鸣鼎食之家有的是人力财力，吃顿饺子不算一回事。小康之家要吃顿饺子要动员全家老少，和面、擀皮、剁馅、包捏、煮，忙成一团，然而亦趣在其中。年终吃饺子是天经地义，有人胃口特强，能从初一到十五顿顿饺子，乐此不疲。当然连吃两顿就告饶的也不是没有。至于在乡下，吃顿饺子不易，也许要在姑奶奶回娘家时候才能有此豪举。

饺子的成色不同，我吃过最低级的饺子。抗战期间有一年除夕我在陕西宝鸡，餐馆过年全不营业，我踯躅街头，遥见铁路旁边有一草棚，灯火荧然，热气直冒，乃趋就之，竟是一间饺子馆。我叫了20个韭菜馅饺子，店主还抓了一把带皮的蒜瓣给我，外加一碗热汤。我吃得一头大汗，十分满足。

我也吃过顶精致的一顿饺子。在青岛顺兴楼宴会，最后上了一钵水饺，饺子奇小，长仅寸许，馅子却是黄鱼韭黄，汤是清澈而浓的鸡汤，表面上还漂着少许鸡油。大家已经酒足菜饱，禁不住诱惑，还是给吃得精光，连连叫好。

做饺子第一面皮要好。店肆现成的饺子皮，碱太多，煮出来滑溜溜的，咬起来韧性不足。所以一定要自己和面，软硬合度，而且要多醒一阵子。盖上一块湿布，防干裂。擀皮子不难，久练即熟，中心稍厚，边缘稍薄。包的时候一定要用手指捏紧。有些店里伙计包饺子，用拳头一握就是一个，快则快矣，煮出来一个个的面疙瘩，一无是处。

饺子馅各随所好。有人爱吃荠菜，有人怕吃茴香。有人要薄皮大馅，最好是一兜儿肉，有人愿意多羼青菜。（有一位太太应邀吃饺子，咬了一口大叫，主人以为她必是吃到了苍蝇蟑螂什么的，她说："怎么，这里面全是菜！"主人大窘。）有人以为猪肉冬瓜馅最好，有人认定羊肉白菜馅为正宗。韭菜馅有人说香，有人说臭，天下之口并不一定同嗜。

冷冻饺子是不得已而为之，还是新鲜的好。据说新发明了一种制造饺子的机器，一贯作业，整治迅速，我尚未见过。我想最好的饺子机器应该是——人。

吃剩下的饺子，冷藏起来，第二天油锅里一炸，炸得焦黄，好吃。

咸菜茨菇汤

——汪曾祺

一到下雪天，我们家就喝咸菜汤，不知是什么道理。是因为雪天买不到青菜？那也不见得。除非大雪三日，卖菜的出不了门，否则他们总还会上市卖菜的。这大概只是一种习惯。一早起来，看见飘雪花了，我就知道：今天中午是咸菜汤！

咸菜是青菜腌的。我们那里过去不种白菜，偶有卖的，叫做"黄芽菜"，是外地运去的，很名贵。一般黄芽菜炒肉丝，是上等菜。平常吃的，都是青菜，青菜似油菜，但高大得多。入秋，腌菜，这时青菜正肥。把青菜成担的买来，洗净，晾去水气，下缸。一层菜，一层盐，码实，即成。随吃随取，可以一直吃到第二年春天。

腌了四五天的新咸菜很好吃，不咸，细、嫩、脆、甜，难可比拟。

咸菜汤是咸菜切碎了煮成的。到了下雪的天气，咸菜已经腌得很咸了，而且已经发酸，咸菜汤的颜色是暗绿的。没有吃惯的人，是不容易引起食欲的。

咸菜汤里有时加了茨菇片，那就是咸菜茨菇汤。或者叫茨菇咸菜汤，都可以。

我小时候对茨菇实在没有好感。这东西有一种苦味。民国二十年，我们家乡闹大水，各种作物减产，只有茨菇却丰收。那一年我吃了很多茨菇，而且是不去茨菇的嘴子的，真难吃。

我十九岁离乡，辗转漂流，三四十年没有吃到茨菇，并不想。

前好几年，春节后数日，我到沈从文老师家去拜年，他留我吃饭，师母张兆和炒了一盘茨菇肉片。沈先生吃了两片茨菇，说："这个好！格比土豆高。"我承认他这话。吃菜讲究"格"的高低，这种语言正是沈老师的语言。他是对什么事物都讲"格"的，包括对于茨菇、土豆。

因为久违，我对茨菇有了感情。前几年，北京的菜市场在春节前后有卖茨菇的。我见到，必要买一点回来加肉炒了。家里人都不怎么爱吃。所有的茨菇，都由我一个人"包圆儿"了。

北方人不识茨菇。我买茨菇，总要有人问我："这是什么？"

——"茨菇。"

——"茨菇是什么？"这可不好回答。

北京的茨菇卖得很贵，价钱和"洞子货"（温室所产）的西红柿、野鸡脖韭菜差不多。

我很想喝一碗咸菜茨菇汤。

我想念家乡的雪。

第四章 厨房里藏匿的秘密

物无定味，适口者珍

——中国美食的色香味

世界各地的饮食由于地理位置、风俗习惯、物产的不同，形成了各异的风格。中国著名学者林语堂曾在其一篇名为《中国人》的文中说："英国人所感兴趣的是怎样保持身体的健康与结实，比如多吃点保卫尔牛肉汁，从而抵抗感冒的侵袭，并节省医药费。"看来，英国人的饮食是着实科学、实用的。而博大精深、源远流长的中国饮食则要突出一个"美"字，那就是菜肴佳馔的色、香、味俱佳。

中国烹饪非常注重肴馔色彩的配置，一道道色彩斑斓、炫人眼目的肴馔上桌后，不禁让人眼前一亮。这些佳肴所具有的"色"，不仅能诱起食客的食欲，那种流光溢彩的美还能使人大饱眼福。台湾的张起钧教授就主张菜肴要做到"先色夺人"。因为人都有趋美性，在未动口品尝之前，就先得到了一种令人愉悦的快感，这是何等的美妙！

菜品的色，是用于满足视觉享受的。做菜的原料本身具有的色，在人的眼中已具有一定的艺术色彩。经过烹饪之后，一款款精美的肴馔不仅令人赏心悦目，有的菜肴还称得上是绝妙的艺术品。白色，如浮油鸡片、糟溜三白等菜肴，均给人以清淡、嫩滑之感；红色，如烤乳猪、樱桃肉等佳馔，均给人以浓厚、醇香之感；黄色，如金黄的菊花丸子、淡黄的锅煏焖豆腐等名菜，均给人以清香、鲜美之感；绿色，即便是一款清炒绿色蔬菜，也会给人以鲜活、自然之感；黑色，虽然不是很悦目，但是五香牛肉干、豆酱等美食也会给人以味浓干香之感。这是多么奇妙的"食色"啊！

要使菜肴美"色"，不仅要保持菜品原料本色，还要注重颜色的搭配、菜肴的上色和画龙点睛的缀色。本色，就是要设法使得菜肴在烹熟之后，仍具有它原来鲜美的颜色——蔬菜的稚嫩、翠绿，肉类的红润、洁白。

配色，就是要强调菜色的鲜明与和谐，给食客以美的享受，从而勾人食欲。清代的学者李渔在其名著《闲情偶寄》中曾谈到他独创的佳馔"四美羹"。此菜是由陆之蕈、水之莼、蟹之黄、鱼之肋四种尤物组成。此羹蕈、莼、蟹、鱼四鲜相融，味极鲜美；紫、绿、黄、白四色相映，色极悦目。

上色，可以润色，如鱼肉、豆腐等经过煎炸后就成为金黄色，而虾经炸后则呈红色。上色还可以用各种佐料补菜品本色之不足，使它具有更好看的颜色。如一款常见的红烧肉，烹饪时不仅要加酱油，还要炒厚重的糖色上色。那种红润的咖啡色，真是能勾起人的百般食欲，令人馋涎欲滴。

缀色，就是用其他颜色的辅菜来点缀主菜，起到画龙点睛、锦上添花的功用。溜黄菜中的火腿沫，拌粉皮中的黄瓜丝，虽说是轻描淡写，却是那样活泼鲜美。

总体上来讲，菜肴的色，以自然和谐为美，无须过多的修饰。只要能做到突出主料，和谐搭配，必然会有相映成趣、悦人眼目之妙。

中国美食的"香"是指菜品的气味能够刺激食客的嗅觉，增强食客食欲的那种特殊的菜香。"香"与"味"是分不开的。通常所说的"味"包括鼻感和舌感的两种感觉。嗅觉上所感觉到的"味"，在烹饪上就叫做"香"。嗅觉往往先于视觉，佳肴美馔还没有上桌，气味早已飘过来了。香气四溢，食客则闻其香而思朵颐；难闻之味，食客则未进食而厌恶生。

中国美食历来都很注重菜品的香。福建名菜佛跳墙就是因为香味四溢，能使"佛闻弃禅跳墙来"而闻名遐迩。中国烹饪史上还有"五香"一说。五香，通常指烹调食物所用的茴香、花椒、大料、桂皮、丁香 5 种主要香料。这些芳香的调味品，能使菜品清香扑鼻。然而，"五香"并非仅指上面所提到的五种香料，而只是一个对香味的特殊称谓而已。《吴氏中馈录》中就有"五香糕"的制法："上白糯米

中国菜的味型及具体分类

中国菜的味型可分为基本型和复合型两类。

基本型
　　咸、甜、酸、辣、苦、鲜、香、麻、淡。
复合型
　　咸味型：咸香味、咸酸味、咸辣味、咸甜味、酱香味、腐乳味、怪味。
　　甜味型：甜香味、荔枝味、甜咸味。
　　酸味型：酸辣味、酸甜味、姜醋味、茄汁味。
　　辣味型：胡辣味、香辣味、芥末味、鱼香味、蒜泥味、家常味。
　　苦味型：咸苦味、苦香味。
　　鲜味型：咸鲜味、蚝油味、蟹黄味、鲜香味。
　　香味型：葱香味、酒香味、糟香味、蒜香味、椒香味、五香味、十香味、麻酱味、花香味、清香味、果香味、奶香味、烟香味、糊香味、腊香味、孜然味、陈皮味、咖喱味、姜汁味、芝麻味、冷香味、臭香味。
　　麻味型：咸麻味、麻辣味。
　　淡味型：淡香味、本味。

和粳米二八分，芡实干一分，人参、白术、茯苓、砂仁各一分，磨极细，筛过，用白砂糖滚汤拌匀，上甑。"

　　中国菜色、香、味俱佳，但核心是味。味，是一种感觉，又称味觉。色和形之于视觉，香之于嗅觉，归根结底，都是把美味的信息传给味蕾，给人以惬意的刺激，以兴奋味觉神经。现代科学已证明，人的舌头上分布着许多味蕾，对各种不同的食物有着各种不同的感知能力。

　　中国菜以味取胜，味是中国菜肴的灵魂。从古至今，中国美食均以"五味调和百味鲜"为味之精品。《黄帝内经》云："五味之美，不可胜极"；《文子》则说："五味之美，不可胜尝也"，说的都是五味调和可以给人带来美好的享受。

　　所谓五味，只是一种概略的指称。除了酸、甜、苦、辣、咸这五味之外，还有鲜、香、麻、淡等基本的味型为我们所熟知。以这些基味做基础，我们可以享用到各种以上滋味的复合味型，而且极其多变。其中，咸是主打，鲜是灵魂，甜味温馨，酸味隽永，苦味调剂。酸甜相遇，刚柔相济；甜苦相合，苦中作乐；酸辣相谐，热辣风情；咸鲜相提，甘醇味美。

中国地大物博，各地又有不同的口味，素有"东辣西酸，南甜北咸"之说。川菜乃"百菜百味，一菜一格"，讲究麻辣鲜香；粤菜则注重海味之鲜香；鲁菜讲究调汤，突出鲜味；苏菜则注重原汁原味，风味清鲜；浙菜清爽酥脆，淡雅细腻；闽菜则一汤十变，酸甜怡人；湘菜厚重热烈，辣香美味；徽菜则古朴典雅，咸鲜醇香。

什么味最美？古人云"物无定味，适口者珍"。有的人喜欢原汁原味，有的人却对复合味颇为欣赏，有的人偏爱清淡，主张菜品以清炖、清蒸为主，有的人则喜欢味浓之菜，对醇香之味，甚至怪味也是情有独衷。只要是食客喜爱的味，就是美味。《淮南子·说山训》云："知味非庖也。"真正知味的人，不是擅制美味的厨师，而是品味的食客。

要品美味就要调出美味。味的精劣，除了调料品种齐全、质地优良等物质条件以外，关键在于厨师调配得是否恰到好处。对调料的使用比例、下料次序、调料时间等都要严格要求，要做到一丝不苟，才能使菜肴美食真正有味。食物本味，配料和主料之间的味，以及调料的调和之味，交织融合协调在一起，互相补充，互相渗透，水乳交融，达到一定境界，定会给食客以新的感觉。

五味杂陈,菜肴之魂

——调味的艺术

中国美食讲究色香味俱全,而这其中的核心就是调味,色和香都要靠调味来实现。我们常常将自己喜爱的食物称为"美味",老北京人把吃到美食称为"得味",就说明了调味的重要性。一道菜能不能被称为美味,关键在于它的调味是否得当。调味其实就是在烹饪中合理地使用调料,调制出人们喜欢的口味。同样的食材和调料,不同的人却能做出不同的味道,而且可能相差很远,这就是调味的艺术。只有掌握了调味的艺术,才能将食物的味道与食客的口感统一起来,让食客流连忘返。

最初的调料只有盐和梅两种,因此也只能调咸和酸两种口味。但现在不同了,调料的种类十分丰富,可以调出的口味自然也就不计其数了,人们可以根据自己的喜好调出最适合自己的口味。现在的调味一般都是复合味,比如说酸甜、咸辣等,但其基本味还是我们常说的五味,也就是酸、甜、苦、辣、咸。任何复合味都是由这五种基本味中的两种或两种以上复合而成的,当复合比例发生改变时,复合之后

滤醋图 三国
农业的发达使各种小手工业也兴盛起来,酒和醋的酿造水平越来越高。

的口味也会随之改变。因此说，复合味是极其丰富的，每个人都可以调制出一种独特的口味。

咸味被称为五味之首，在五味中具有领军的作用，是五味中最单纯、最重要的一味。清人章穆在《调疾饮食辨》中说："酸甘辛苦可有可无，咸则日用所不可缺；酸甘辛苦各自成味，咸则能滋五味。酸甘辛苦暂时俱佳，多食则厌，久食则病；病而不辍，其实则夭。咸则终身食之不厌，不病。"菜肴的烹制离不开盐，因为盐具有提味、解腻、去腥膻的作用，如果不放盐，原料的鲜香之味就不能被充分激发出来。其他味道要增加适口感，也同样离不开盐，厨师们甚至在做甜味点心时都要加一点盐提味，故有"好厨一把盐"的说法。

甜味是很多人都非常喜爱的一种口味，大多数糕点都是以甜味为主的。中国最早的甜味调料是饴糖，也就是麦芽糖，现在则多用蔗糖，但也有用蜂蜜、饴糖或糖精的。甜味在五味中具有缓和的作用，当其他几味太过的时候，都可以用甜味缓和一下。比如说当菜过咸的时候，加一些糖就不会那么咸了。在烹制鱼类和肉类食品的时候，糖具有除臭、解腥和提鲜的作用。在烹制其他味菜肴的时候，糖可以用来上糖色或增加汤汁的黏稠度及风味感，但不能放太多，以免影响主味。

酸味也是一种大众化的口味，南北方都有以酸味为主的菜肴。中国最早的酸味调料是梅，后来在发明酿酒的过程中，又出现了另一种重要的酸味调料——食醋，这也是现在主要的酸味调料。酸可以去腥解腻，将油脂化为醇，因此在吃了太多油腻食物时，上一道酸味菜肴是很有必要的。此外，酸还可以增加胃液的酸度，刺激食欲，利于消化，因此，在烹制菜肴的时候加一点醋也是不错的选择。醋的种类很多，不同的醋调制出的酸味不同，用法也不同，在使用时应该视具体情况选择合适的酸味调料。

辛味是最具刺激性的一味，当前非常流行的川菜就是以辛味为主的。我们现在所说的辛味主要是指辣椒的味道，但在古代，辛味则是指葱、姜、蒜、花椒、桂皮、韭菜、芥子等调料的味道。当然，古代的辛味调料在现代也同样适用，但辛味

花椒味辛，可除各种肉类的腥气，是主要调味料之一。但因颗粒小有刺，采摘时全得靠人工，费时费力。

还是以辣椒的辛辣为主。辛辣的食物可以刺激食欲，促进消化液的分泌，很适合食欲不振的人食用。此外，辛味还可以消除体内的气滞和血滞等症状，因此很适合长期生活在空气潮湿的环境中的人食用。在烹制菜肴的时候，加入辛味调料可以去腥除臭，解腻增香，但不能过于追求辣的刺激，否则就辣而不香了。

在五味之中，苦味是用得最少的，也很少单独运用，但却是不可或缺的。苦味主要是食物中含有的生物碱、萜类等有机物产生的，陈皮、丁香、杏仁等都属于带有苦味的调料。很少有人喜欢苦味菜肴，但适当选用却往往可以达到意想不到的效果。比如说在炖肉的时候加入适量的苦味调料，不但可以解除腥膻，而且还可以激发肉香。苦味一定要与其他味相互融合，这样既可以增加菜肴口味的丰厚感，又不会让人产生不愉快的感觉。苦味调料不宜多放，因为人的味蕾对苦味非常敏感，只有少放才不会被品尝出来。

其实，最能够刺激人食欲的味道并不是五味中的任何一种，而是未列入五味的鲜味。鲜味本身并不特殊，大多数食物都有鲜味，只是它非常容易被其他味掩盖，因此要烹制出鲜味十足的菜肴并不容易。由鲜味本身的特点可知，一般的烹饪方法是很难保留住鲜味的，最容易获得鲜味的方法是熬汤。将鸡、鱼、排骨等原料放入锅中，加水煮开，在煮的过程中清除其腥膻等异味，然后稍加点盐，食物的鲜味就全都出来了。如果用蔬菜，则以新鲜的蔬菜为佳。味精也是鲜味调料，有增鲜的作用，但因其是人工合成的，所以在口感上就大打折扣了。通常情况下，高明的厨师是不会用味精来提鲜的。

调味是一门艺术，讲究也颇多，应该根据食材本身的特点进行调味，这样才能产生更好的口感。比如说对于膻味较重的牛羊肉及内脏类，调味时就要注意去膻提鲜；对于新鲜的蔬菜及鱼虾等，在调味时则应该注意保留食材本身的鲜味，不可放过多的调料；对于本身没有特殊味道的原料，就要视菜肴的需要进行调味，而且一定要加入鲜汤……在调料的选择上，一定要选择正宗的优质调料，这样调出来的味才能正。很多北方的川菜馆都从四川空运调料，就是这个道理。

每道菜都有特定的口味，还有些菜是一菜多味，比如说有的咸鲜，有的辛辣，有的酸甜，有的上口甜收口咸，有的上口咸收口甜，这都是通过调味来实现的。一般来说，调味可以分三个过程进行。首先是烹制前的调味，将调料与食材搅拌均匀，浸渍一下，也可以加上蛋液和淀粉浆，使原料初步入味；接着是加热过程中的调味，将主调料选择合适的时机加入，菜肴的口味主要取决于这一过程；最后是加热之后的调味，这是对之前调味的补充和完善，属于定味过程，比如说撒些椒盐、辣椒油、香料等。

菜肴的调味除了要符合自己的口味之外，还要注意营养与健康。人体对酸、甜、苦、辣、咸五种味道的需求是大致相等的，只有做到酸、甜、苦、辣、咸这五味的合理搭配，才有益于人体健康。因此，在调味时应该注意五味的平衡。需要注意的是，五味都不能太过，否则都会对健康产生负面影响。此外，调味还应该结合自己的身体状况。胃酸过多的人就不适合吃酸味食物，糖尿病患者不能吃甜味食物，消化道疾病患者不宜食用辛辣食物等。

有肴皆艺，无馔不工

——中国菜的工艺

中国人历来讲究烹饪之美。烹饪作为一门技艺，一门生活的艺术，在中国历代都备受推崇。说中国菜"有肴皆艺，无馔不工"，实不为过。中国菜工艺之精湛，形式之多姿多彩，意境之如诗如画，不仅令人赏心悦目、食欲大开，更重要的是体现了中国人对饮食之美的无限追求。

中国烹饪贵在色、香、味、形、器，归根结底在于菜肴的"美"，在于美与味融而为一的"美食"，而美食的根基即在于烹调技法的工艺。中国菜擅用雕刻彩染的技艺，创制具有观赏价值的工艺菜点。塑形、点染、刻画、花色拼盘，造型艺术的手法无所不用，餐桌上的菜品则千变万化，多彩多姿，让食客们观之不忍下箸。圣人孔子曾云："食不厌精，脍不厌细"，声称"割不正不食"，儒家礼仪促使孔子对饮食有了形式上美的肯定和追求。《管子·侈靡篇》有"雕卵（鸡蛋）然后瀹之"的记载，虽有侈靡之嫌，却难以掩饰当时饮食文化美的光辉。如此看来，中国菜的工艺历史悠久，功夫匪浅。

中国菜的雕刻工艺源于先秦的"雕卵"，到了汉魏有"雕酥油"。进入唐宋，技术就更加精湛了。宋代的扬州人能用西瓜皮雕刻成人物、花卉、虫鱼的模样，精巧可爱。食雕能在菜肴上写字作画，甚至于雕花。在真正能食用的菜肴上刻字雕花更有一定的难度。如将煮熟的猪蹄膀或五花肉，修成图形或椭圆形、正方形或长方形，或在其皮上刻出合适

中国烹饪的刀功

中国的刀功主要有切、片、排、斩、剞等形式，有200种之多，主要有：

- **切**　直切、跳切、推切、拉切、滚刀切、转刀切、滚料切、推拉切、锯切、铡切、拍刀切、绷上切
- **片**　推刀片、拉刀片、斜刀片、坡刀片、抹刀片、反刀片
- **排**　限刀排、刀刃排、刀尖排、刀背排
- **斩**　粗斩、细斩、跟刀斩、排刀斩
- **剞**　直刀剞、拉刀剞、推刀剞

辋川图　金学坚　清

唐代王维晚年在蓝田的"辋川别墅"隐居,作《辋川图》,后人多临摹。传说唐代尼姑梵正曾根据此图创制了"辋川小样"的大型风景冷盘。

的字样和花边;或用雕刻刀在其皮上雕出菊花、大丽花等花卉;在煮熟的乳猪腿的皮上戳出鱼鳞花,等等。

中国菜粘砌的工艺多用于果品的造型。唐时已有一种面塑艺术,著名的烧尾宴中就有一组"素蒸音声部"的面食,用面塑成70个蓬莱仙子,载歌载舞,栩栩如生,华丽壮观。

兼观赏与食用为一体的工艺菜,当数"花色拼盘"。花色拼盘就是用食品的色调和线条,拼成色彩绚丽的佳肴美馔。如用红肠、火腿、香菇、黄瓜、菠萝、樱桃等食品,拼出"龙凤呈祥""孔雀开屏""彩蝶双飞""喜鹊迎春"的美图。花色拼盘的前身,是商周时祭祖所用的"钉"(整齐堆成图案的祭神食品),后来人们便将食品做成花果、禽兽、珍宝的形状,在盘中摆放成图形。唐代曾有颇为壮观的组合风景拼盘,令人叫绝。比丘尼(尼姑)梵正曾依照唐代诗人王维所画的《辋川图》创制而成名为"辋川小样"的大型组合式风景冷盘,用料仅为脯、酱瓜、蔬笋之类,每客一份,一份一景,共20份,合在一起就是那幅旷世之作——《辋川图》。

造型奇美精伦的工艺热菜自然是将中国菜的工艺体现得淋漓尽致。唐宋之时,中国的工艺菜已经很是精致了。如用鱼片拼成牡丹花做成的"玲珑牡丹",红烧甲鱼上面装饰鸭蛋黄和羊网油的"遍地锦装鳖"以及"花形馅料各异、凡二十四种"的"生进二十四气馄饨"等。如今的工艺菜就更让人称绝了。一款糖醋鲤鱼,做成之后放入盘中,头尾高翘,大有鱼跃龙门之势。川菜有一款扇面豆腐,厨师用豆腐及其他精细原料,做成一把扇面的形态,又用几色原料在这"扇面"上点缀

出石竹图形,装盘后取名"扇面豆腐",色彩浓淡相宜,像一幅扇面画。不仅吃起来美味可口,又大有观赏扇面美景的情趣。像这样的精美至绝又美味异常的工艺菜,在中国菜谱中不可胜数。

中国工艺菜的精美绝伦与中国厨师如火纯青的刀功是分不开的。中国刀功不仅要适应火候,便于入味,最重要的是要保持菜肴的形态美,因而是烹调技术的关键之一。中国早在古代就重视刀法的运用。《庄子·养生主》描述了著名的庖丁解牛,庖丁解牛之时,"目无全牛""游刃有余""手之所触,肩之所倚,足之所履,膝之所踦,砉然响然,奏刀騞然,莫不中音"。这解牛是否可与雕塑家们相媲美呢?唐代还有刀功的艺术表演。《酉阳杂俎》载"有南孝廉者善斫脍,縠薄丝缕,轻可吹起;操刀响捷,若合节奏。因会客炫技"。此人切的肉片,薄的竟然一吹即起,真是让人叹为观止了。

中国的刀功有直刀法、片刀法、斜刀法、剞刀法和雕刻刀法等,原料能加工成片、条、丝、块、丁、粒、茸、泥等多种形态,以及丸、球、麦穗花、荔子花、蓑衣花、兰花、菊花等多样花色,还可镂空成美丽的图案花纹,雕刻成"喜""寿""福""禄"字样,增添喜庆筵席的欢乐气氛。特别是刀技和拼摆手法相结合,把熟料和可食生料拼成艺术性强,而且形象逼真的鸟、兽、虫、鱼、花、

草等花式拼盘更是厨艺一绝。

　　中国菜的精巧工艺将美学与烹饪合理、巧妙地融为一体，使菜肴鲜美华丽，可食用，可欣赏，从而大大地提高了菜肴的品味和价值。然而关于中国菜的工艺，历来都有争议。宋代司马光就表示过异议："饮食之物，所以为味也，适口斯善矣。世人取果饵而刻镂朱绿之，以为盘案之玩，岂非以目食者乎？"菜是吃的，不是看的，无须花费精力与物力取悦于眼球。此话不然。中国人饮食的特色和传统从来都将物质的享受与精神的愉悦结合在一起，中国菜的精美工艺恰恰起到了刺激食欲的重要作用。

五花八门，各显身手

——中国菜的烹饪技法

中国菜的烹饪技法可以说是五花八门，每种烹饪技法都有自己的独特之处。同一种食材，用10种不同的烹饪技法来烹调，就可以烹制出10种不同口味的菜肴。厨师的厨艺如何，除了调味之外，还要看厨师对各种烹饪技法的掌握和运用。全羊席、豆腐宴等宴席，厨师用同一种食材做出了几十道菜肴，而这些花样，自然是通过不同的烹饪技法来实现的。总的来说，中国菜的烹饪技法包括炒、爆、熘、炸、烹、煎、贴、烧、炖、蒸、煮、烩、焓、腌、卤、烤、拌、拔丝、卷等20多种。

炒是目前使用最广泛的一种烹饪技法，因其操作方法简单且成熟时间短，在家庭烹饪中占有十分重要的位置。炒讲究急火快翻，在锅内放少许油，加入食材和调料快速烹制，短时间内出盘。炒的原料以小原料为宜，且要保证大小粗细均匀，这样有利于快速成熟。炒可分为生炒、熟炒、软炒和煸炒四种。生炒即将生料放入油锅中直接炒，且原料不挂糊；熟炒是先将原料加工成全熟或半熟，然后再下油锅炒；软炒是先将原料上浆滑油，然后再快火翻炒；煸炒是将原料拌腌后再下油锅反复翻炒，直到汁干料脆。

爆是用热油旺火，原料下锅后翻几翻或颠几下即出锅的烹饪方法。爆的原料必须是细小无骨的，而且调料要事先调成汁，待原料下锅后就马上倒入，加快操作时间。

爆可分为酱爆、葱爆、宫爆（保）、油爆、芫爆和火爆。酱爆是先将主料上浆滑油或焯水，然后爆香酱料再下主料；葱爆是先将原料腌好，然后同大葱一起下锅；宫爆（保）是先将主料上浆滑油，然后爆香调料和配料，再勾芡汁起锅；油爆是先将主料过油炸，然后加调味芡汁同爆；芫爆是先将原料上浆焯水或过油，然后以香菜为主要配菜进行烹制；火爆是先将主料腌好，然后旺火速爆，出锅前喷洒白酒。

熘是一种类似于炒的烹调技法，但要比炒复杂一些。熘的原料要首先腌制一下，然后上浆滑油，也可以用锅蒸或氽水，接着加入调料翻拌，最后勾芡。按照不同的分类方法，可以将熘分成不同的种类。按照颜色可将其分成白熘、红熘和黄熘三种；按口味可分为鱼香味、果汁味、醋香型、咸香型、糟香型、糖醋味等；按勾芡技法可分为对汁法、浇汁法和卧汁法3种；按照芡汁可以将其分为包芡熘、糊芡熘和流芡熘3种。此外，还有糟熘、焦熘、滑熘、水熘、糖熘、醋熘、浇汁熘和淋汁熘等多种熘法。

炸是指将原料放在大量热油中加热制熟的烹调方法。炸可使成品达到外脆里嫩的效果，而且有利于原料上色。炸有很多种，比如说干炸、吉利炸、包卷炸、氽炸、浸炸等等。干炸是指将原料腌制入味后再蘸干粉或挂糊炸制；吉利炸是指将原料腌制后做成一定的形状，然后蘸面包糠等原料再入油炸；包卷炸是指将入味的原料用紫菜、蛋皮、面包面等辅料包裹起来，然后再挂糊炸制；氽炸是指将原料放在温油中慢慢地炸熟；浸炸是指将腌制好的原料放入旺火热油中，然后马上关火，用余热将其炸制成熟。

煎是指用少量油小火慢慢加热制熟的烹饪方法。煎制菜肴一定要把握好时间，时间太短油温不够，原料难以成熟；时间太长则容易煎糊。煎的种类有干煎、酥煎、香煎、煎炒、煎炸等很多种。干煎是指将原料腌制后拍上面粉，然后上油锅煎制；酥煎是指将原料腌制后挂上酥皮糊，然后再入锅煎制；香煎是指将原料腌制入味后煎制，并在起锅前淋入洋酒；煎炒是先煎后炒的烹饪技法，先将原料腌制入味，然后上浆煎制，最后再炒制调味出锅；煎炸是指先用少量油煎制，然后再用大量油炸制。

烹是建立在炸或煎的基础之上，烹汁入味的烹饪方法。烹汁要用清汁，不能加芡粉，配料多用葱、姜、蒜和香菜，吃口咸香，略带酸甜。烹可以分为两种，即炸烹和煎烹。炸烹是指先将原料入油锅炸熟，然后再烹入清汁成菜；煎烹则是指先将原料入锅煎熟,然后再烹入清汁成菜。烹其实是炸和煎的延伸,炸和煎是一次加热成菜,烹则是两次加热成菜。烹入清汁的时候要特别注意,不能将清汁一次性倒入,应该先倒入一半儿,然后将另一半儿放入勺中,边翻勺边淋汁。此外,烹法的操作要迅速,烹汁的过程应该在短时间内完成。

贴是将两种或两种以上的扁平状原料贴合在一起,然后挂糊入油锅加热烹制的烹饪技法。贴是煎的延伸,但贴所用的油量比煎多一些,而且贴只加热一面,也就是紧贴锅底的一面。贴菜的调味因菜而异,可腌制、加调味汁等。

炖是将原料加汤水及调味品共同烧沸,然后转至小火慢慢成熟的烹饪技法。炖讲究火攻,至少要保证一小时以上。开始炖的时候不能放盐和带色的调味品,待熟后再进行调味。炖可分为隔水炖和清炖两种:隔水炖是将灼烫后的原料置于密闭的容器中,然后放在水锅中用蒸汽长时间加热;清炖是将灼烫后的原料放入砂锅中用小火炖。

烧是指将初步熟处理的原料加汤调味烧制,然后再收汁或勾芡的烹调方法。烧可以分为红烧、白烧、干烧、葱烧、辣烧等很多种。红烧多用酱油烧成红色;白烧要注意保持本色,不能加入带颜色的调料;干烧与红烧类似,只是红烧用水淀粉收汁,干烧则讲究用火收汁;葱烧主要以葱为调配料;辣烧则以辣味调料烧制。

蒸是一种先将原料调好味,然后再放入蒸笼中利用水蒸气使其成熟的烹饪方法。根据原料的不同,蒸可以分为猛火蒸、中火蒸和慢火蒸三种。根据技法则可分为清蒸、粉蒸、包蒸、扣蒸、上浆蒸等。

煮是将原料放入水中加热成熟的烹饪方法。煮和炖有相似之处,但煮的时间要比炖短。煮可分为油煮、白煮等多个种类。油煮并不是用油去煮,而是指原料经过煎、炒、炸等初步熟处理以后,再加入汤汁煮;白煮则是将生料直接放入水中加热

成熟。

烩是指将初步熟处理的原料加汤水煮，然后再勾薄芡使汤菜融合的烹饪方法。烩菜中虽然有煮的环节，但不能煮得太久，一般在汤沸的时候即可勾芡。此外，芡汁的稀稠一定要适度，过稀汤菜无法融合，过稠则容易糊嘴。

炝是用沸水灼烫或用油滑透原料，然后趁热加入各种调味品使其成菜的一种烹饪方法；拌则是将原料直接加调味品调拌成菜。炝和拌都是制作凉菜的，但炝有烹有调，而拌则是有调无烹。腌是指用盐等调料浸渍食物的烹饪技法。

卤是先用各种料物制成卤汁，然后将经过初加工的食物放入卤汁中慢慢加热至其成熟的烹饪技法。在加热的过程中，卤汁逐步渗入到食物之中，因此制出来的食物十分味美可口。制作卤菜，卤汁的制作是关键，要用多种基本调料和香料来调制。此外，卤制的时候要用小火长时间加热，这样才能让食物充分吸收卤汁中的各种滋味。

烤是将加工处理过或已经腌渍入味的原料，用明火或暗火进行加热的烹饪技法。烤分为很多种，比如说挂炉烤、焖炉烤、烤盘烤、叉烤、串烤等。

拔丝是将经过熟处理的原料再用糖调制成菜的烹饪技法。拔丝的关键就在于炒糖，可以用水炒，也可以用油炒，其标准都是要炒到糖色发红。炒好糖后，加入炸好的原料迅速颠翻，就可以出锅了。蜜汁是先将原料加工成半成品后熟料，然后放入由白糖、蜂蜜、麦芽糖等化成的浓汁中，采用烧、蒸、炒、焖等方法加热成菜的烹饪技法。

中国的饮食文化博大精深，中国菜的烹饪技法也有很深的学问，并非只言片语所能言清。这里只是就一些常用的烹饪技法进行了最简单的说明，然各种技法的奥妙之处则只有亲自实践方能体会得到。虽然每种烹饪技法都有自己的独特之处，但各种烹饪技法之间却并不排斥，甚至有时还是相辅相成的。合理地选择和搭配烹饪技法是烹饪的窍门，值得我们好好研究。

三分技术七分火

——重火功的中国菜

火,使人类摆脱茹毛饮血的蒙昧;同样也是火使人类走向美食的殿堂。"三分技术七分火",一语道破美味之源——火功。

火功,也就是菜肴烹调过程中要掌握的火候,即所用火力的大小和时间的长短。火候是烹调美味佳肴的重要环节。几千年前的中国先民就对火候有过专门研究,并阐明了火候变化的规律及掌握要点。《吕氏春秋·本味》云:"凡味之本,水最为始,五味三材,九沸九变,火之为纪,时疾时徐,灭腥去臊除膻,必以其胜,无失其理。"北魏贾思勰《齐民要术》中记载,烹调每一种食物之时均有"急火急炙""逼火偏炙"和"微火遥炙"等火候的区分。唐代《酉阳杂俎》则提出了"物无不堪喫,唯有火候,善均五味"的重要命题,看来,火候不仅直接影响食物熟不熟,更重要的是关系到食物是否美味。元末江苏无锡人倪瓒的《云林堂饮食制度集》中,强调烧猪脏、烧猪肉和烧鹅时,"用大草把一个烧,不要拨动;候过,再烧草把一个;住火饭顷,以手候锅盖冷,开盖翻肉;再煮,以湿纸仍前封缝;再烧草把一个;候锅盖冷即熟",可见当时烹调火候的运用已经相当精妙了。清代,后世公认的美食家袁枚对火候尤为看重。他曾为家厨王小余作传,传中云王小余掌火时"雀立不转目"且"谨审其水火之齐",并发出"司厨者,能知火候而谨伺之,则几于道矣"的感叹。直至今日,中国美食的烹调仍是强调火功的重要。

火候是烹饪中的重要环节,掌握适宜的火候不光是为了使原料成熟,或者为了改变原料的质感,而且还有一个很重要的目的——体现和提取原料中的美味。民谚说:"火到猪头烂。"这里的烂既是触觉的感受,又是味觉的感受。人们常评价一份菜肴没有达到应有的口味质量,原因是"火候不到",而不一定是调味上的偏差。这说明对菜肴的味道来说,火候与调味是同样重要的。可见,火候是形成菜肴美食的风味特色的关键之一。但火候瞬息万变,没有多年的实际操作经验,很难做到恰到好处。

在烹调过程中，火候一般有旺火、中火、小火、文火四种。火力的大小，一直是以火焰的高低、火的颜色程度以及辐射热的强弱来区别的。旺火火焰高而稳定，呈白黄色，煤气呈淡蓝色，光度明亮，热气逼人，一般用于快速烹制，如炸、炒、爆等。中火火焰低而稳定，热度较高，火色红亮夺目，适用于蒸、煮、烩等烹调方法。小火火焰低而摇晃，呈红色，光度较暗，一般用于煎、贴、摊等烹调方法。文火火焰细小而时有起落，呈青绿色，光度发暗，热气不大，一般适用于炖、焖、煨、焐等烹调方法。

中国厨师能精确鉴别旺火、中火、微火等不同火力，熟悉了解各种原料的耐热程度，熟练控制用火时间，善于掌握传热物体（油、水、气）的性能，还能根据原料的老嫩程度、水分多少、形态大小、整碎厚薄等，确定下锅的次序，加以灵活运用，使烹制出来的菜肴要嫩就嫩，要酥就酥，要烂就烂。烹调时，一方面要从燃烧烈度鉴别火力的大小，另一方面要根据原料性质掌握成熟时间的长短，两者统一，才能使菜肴烹调达到标准。

中国人烹饪讲究"火候"，所谓"三分技术七分火"。不同的原料、不同的形状、不同的质地在烹制过程中，要采取不同的火力和加热时间。这就要掌握"火候"。这条烹饪中的法则，如今已渗透到中国人的骨子里，成为人们为人处世的守则。

> **饮食小词典**
>
> 熟物之法，最重火候。有须武火者，煎炒是也，火弱则物疲矣。有须文火者，煨煮是也，火猛则物枯矣。有先用武火而后用文火者，收汤之物是也；性急则皮焦而里不熟矣。有愈煮愈嫩者，腰子、鸡蛋之类是也。有略煮即不嫩者，鲜鱼、蚶蛤之类是也。肉起迟则红色变黑，鱼起迟则活肉变死。屡开锅盖，则多沫而少香。火熄再烧，则无油而味失。道人以丹成九转为仙，儒家以无过、不及为中。司厨者，能知火候而谨伺之，则几于道矣。鱼临食时，色白如玉，凝而不散者，活肉也；色白如粉，不相胶粘者，死肉也。明明鲜鱼，而使之不鲜，可恨已极。
>
> ——清·袁枚·《随园食单·火候须知》

一般来说，火候的大小要根据原料性质来确定。以素炒蔬菜为例。蔬菜中的许多维生素遇热容易被破坏，其中以维生素 C 最为明显。一般来说，蔬菜加热时间越长，维生素损失愈多。因此在烹调中掌握好火候可减少营养素被破坏。较鲜蔬菜以旺火快炒，维生素 C 可保存 60%～70%，维生素 B_2 和胡萝卜素可保留 76%～94%。如果用温火、文火长时间慢炒、慢煮，维生素的损失要高得多。

中国烹饪对火候的讲究还表现在各种烹调方法上。其实，不同烹调方法的区别，在很大程度上是由火候的不同造成的。正是在火候上的微妙变化，才形成了多种多样的烹调方法和多姿多彩的美味佳肴。炒、爆、烹、炸等可用旺火速成，烧、炖、煮、焖等则要用小火长时间做成。每种烹调技法在运用火候上也不是一成不变的，要根据菜肴的要求灵活掌握。只有在烹调中综合多种火候，才能正确地做好一道菜。如做清炖牛肉之前，要先把牛肉切成方形块，用旺火将水烧沸焯一下，清除掉血沫和杂质，当牛肉快熟时，再放入调料用小火煮熟，这样做出来的清炖牛肉，才会色香味形俱佳。如果光用旺火煮，牛肉不仅会外形不整，影响美观，菜汤中还会有许多牛肉渣，使肉汤浑浊。甚至会造成牛肉表面熟烂，里面却嚼不动的情况。

一位烹饪者能否成为名厨，火候是关键。只有通过长期的烹饪实践，才能领会火功精髓，使菜肴的烹调达到致臻至美的境地。

名家论吃

"五荤伐性"
——李庆西

常往小饭馆吃兰州拉面。要一瓶啤酒，不用另外叫菜，面汤下酒也不错，面里有牛肉。杭州的拉面师傅多数是兰州来的，有家小馆挂一幅布幌，写道"从兰州拉到杭州"。这是一流的广告语。既是兰州师傅掌厨，做工自然地道。不过，也有可挑剔的地方，就是里面偏要搁许多葱花，而正宗的兰州拉面则用香菜（芫荽）做佐料。其实，葱花烫熟了味儿不正，搁多了就更不好。许多人不知道，这跟葱花爆锅的效果完全不一样。以前去过兰州，见当地人吃拉面用很大的碗，上面漂着一层香菜叶，撒一把辣椒面，红是红，绿是绿，很诱人。用葱花而不用香菜，想来是为适应杭州人的口味，杭州人过去不碰香菜，现在喜欢这玩意儿的人多起来了，还不算很普遍。所以，拉面拉到杭州也多少打了折扣，这叫"橘逾淮而北为枳"。

不光香菜，杭州人也很少吃蒜，尤其不肯生食。做菜一般也不用辣椒、花椒等。这类辛香佐料，多半是佛家道家所谓"五荤"之属，据说有"昏神伐性"的作用。江浙地方民气本身柔懦，经不住那种刺激。也许，从饮食传统上追索，这跟信道佞佛也有一点关系。从前苏南浙北佛寺道观很多，"南朝四百八十寺"，善男信女该是不少。记得有回在一家素菜馆吃麻油卤煮豆腐，当下就有验证。那豆腐在锅里滚得久了，口感很好，可惜煮的时候没加花椒、生姜等，味道总嫌单薄。心里正抱怨着，猛然想到，正宗的素菜馆是办斋饭的，自然不会跟"五荤"搅在一起。

"五荤"中还有一样韭菜，杭州人也不太喜欢。北方人爱用韭菜包饺子，而杭州的饺子馆多用嫩韭芽。杭州人偶尔拿韭菜炒鸡蛋，但决不生食。北方有些地方，韭菜也派小葱的用处，做海味就用韭菜佐馔。或者切成细末用酱油、醋和麻油淋渍一下，拌面条吃，那是别有风味。韭菜生食颇辣，当然不是辣椒那种辣。山东人有句俗话，称："葱辣嘴，蒜辣心（指胃），韭菜辣到脚后跟。"要讲刺激，还是韭菜。

在辛香佐料中，杭州人偏喜小葱，不知是何道理。葱也是"五荤"。

两做鱼
——梁实秋

常听人说北方人不善食鱼,因为北方河流少,鱼也就不多。我认识一位蒙古贵族,除了糟溜鱼片之外,从不食鱼;清蒸鲥鱼,干烧鲫鱼,他不屑一顾,他生怕骨鲠刺喉。可是亦不尽然。不久以前我请一位广东朋友吃石门鲤鱼,居然谈笑间一根大刺横鲠在喉,喝醋吞馒头都不收效,只好到医院行手术。以后他大概只能吃"滑鱼球"了。我又有一位江西同学,他最会吃鱼,一见鱼脍上桌便不停下箸,来不及剔吐鱼刺,伸出舌头往嘴边一送,便一根根鱼刺贴在嘴角上,积满一把才用手抹去。可见食鱼之巧拙,与省籍无关,不分南北。

《诗经·陈风》:"岂其食鱼,必河之鲂?""岂其食鱼,必河之鲤?"河就是黄河。鲂味腴美,《本草纲目》说"鲂鱼处处有之"。汉沔固盛产,黄河里也有。鲤鱼就更不必说。跳龙门的就是鲤鱼。冯谖齐人,弹铗叹食无鱼,孟尝君就给他鱼吃,大概就是黄河鲤了。

提起黄河鲤,实在是大大有名。黄河自古时常泛滥,七次改道,为一大灾害,治黄乃成历朝大事。清代置河道总督管理其事,动员人众,斥付巨资,成为大家艳羡的肥缺。从事河工者乃穷极奢侈,饮食一道自然精益求精。于是豫菜乃能于餐馆业中独树一帜。全国各地皆有鱼产,松花江的白鱼、津沽的银鱼、近海的石首鱼、松江之鲈、长江之鲥、江淮之鲷、远洋之鲳……无不佳美,难分轩轾。黄河鲤也不过是其中之一。

豫菜以开封为中心,洛阳亦差堪颉颃。到豫菜馆吃饭,柜上先敬上一碗开口汤,汤清而味美。点菜则少不得黄河鲤。一尺多长的活鱼,欢蹦乱跳,伙计当着客人面前把鱼猛掷触地,活活摔死。鱼的做法很多,我最欣赏清炸酱汁两做,一鱼两吃,十分经济。

清炸鱼说来简单,实则可以考验厨师使油的手艺。使油要懂得沸油、热油、温油的分别。有时候做一道菜,要转变油的温度。炸鱼要用猪油,炸出来色泽好,用菜油则易焦。鱼剖为两面,取其一面,在表面上斜着纵横切而不切断。入热油炸之,不须裹面糊,可裹芡粉,炸到微黄,鱼肉一块块的裂开,看样子就引人入胜。洒上花椒盐上桌。常见有些他处的餐馆作清炸鱼,鱼的身分是无可奈何的事,只要是活鱼就可以入选了,但是刀法太不讲究,切条切块大小不一,鱼刺亦多横断,最坏的是外面裹了厚厚一层面糊。

两做鱼另一半酱汁,比较简单,整块的鱼嫩熟之后浇上酱汁即可,惟汁宜稠而不粘,咸而不甜。要洒姜末,不须的佐料。

"原汁原味"

——李庆西

江浙人饮食口味偏于清淡，跟北方乃至川湘滇黔一带截然不同。口味之异趣，多半体现在烹饪佐料和调料的使用上，而佐料和调料又在很大程度上决定了烹饪方法。比如，江浙人做荤食，多有清蒸、白煮、白切一路。蒸煮时搁一点姜，或者火腿片，别的几乎不用。江浙以外，这种做法不多。四川人做水煮肉，辣椒、花椒不必说，还搁豆瓣，可谓之"红煮"。而山东人做扣肉，既煮又蒸，每道工序都要靠佐料去腥提味。江浙一带，尤其杭州人，吃东西讲究原汁原味，倘是原料上乘，则尽量不用佐料，也决不肯红烧。有时用笋片、雪菜之类点缀一下，要的是那种清朗赏心的效果。此中况味，好似旧时文人士夫须处处透着几分清雅。

可是现在看来，这种传统的文人化的饮食习惯遇到麻烦了。因为食物本身跟过去不能比了，这一点常被人们忽略。如今，鱼虾贝类多是人工养殖，禽肉禽蛋更是实行工业化生产，味道早就变了。由于饲料单一，生长期短，再加上环境污染等因素，现在的东西要讲"原汁原味"，那是好不到哪里去的。讲究清淡固然是一种体面而又雅致的口味，可是也不至于要弄到淡而无味。所谓"原汁原味"，要的就是原来的那个鲜味。杭州人称赞什么菜味道好，无非是一个"鲜"字。说者啧啧有味，听者咂咂有声。同样一道菜，要让北方人品评就不一样，北方人爱说香不香，"香"是一个主要标准。求"鲜"还是求"香"，是南北口味的基本分野。

要是"鲜"的要求达不到，退而求"香"行不行？因为"香"字可以靠佐料来解决。也许在江浙人看来，北方口味有点粗糙，不妨说显得粗俗些。但是反过来说，在如今这种生态条件下，仍还抱着"原汁原味"不放，倒像是落魄秀才穿长衫，不见得如何风雅。

第五章 口腹之欲中的人文情怀

室雅客来勤

——美食与环境

中国人的吃，不仅要吃出美味，还要吃出意境和氛围。良好的美食佳境，可以增强食客进食的愉悦，只觉口中美食味道更美，香味更香，真是有锦上添花的效果。反之，则会大煞风景，美味也会难以下咽。"室雅客来勤"，有佳肴，有佳境，才是真正的美食享受。

学者陆文夫在《吃喝之外》一文中谈及："我觉得许多人在吃喝方面都忽略了一桩十分重要的事情，即大家只注意研究美酒佳肴，却忽略了吃喝时的那种境界，或称为环境、气氛、心情、处境等等。此种虚词不在酒菜之列，菜单上当然是找不到的，可是对于一个有文化的食客来讲，虚的却往往影响着实的，特别决定着对某种食品久远、美好的记忆。"陆先生是经过亲身体验才深知佳境对于美食的重要。多年前，他曾于一江南小镇吃过一次桂鱼，"窗外湖光山色，窗下水清见底，河底水草摇曳；风帆过处，群群野鸭惊飞，极目远眺，有青山隐现……"看来陆先生吃的不仅是美味的桂鱼，更是一种情调。这次桂鱼一吃难忘，正如陆先生所说，以后不管吃怎样味美的桂鱼，都不及这次味美。

中国自古以来就十分注重佳境与美食的完美结合。诗仙李白《金陵酒肆留别》诗有云："风吹柳花满店香，吴姬压酒唤客尝。"想必在如此之美的佳境中，诗仙定会不醉不归的。两宋的京城——汴梁（今河南开封）和临安（今浙江杭州）都有布局精致高雅的酒楼饭铺。古籍《梦粱录》记载："汴京熟食店，张挂名画，所以勾引观者，留连食客。今杭城茶肆亦如之，插四时花，挂名人画，装点店面……中瓦子前武林园，向是三园楼康、沈家在此开沽，店门首彩画欢门，设红绿杈子，绯绿帘幕，帖金红纱栀子灯，装饰厅院廊庑，花木森茂，酒座潇洒。"这样的雅室，众食客一定会时时光顾的。

美食佳境中最为排场和讲究的莫过于宫廷筵宴了。《梦粱录》中有对宋帝"圣节"筵宴布置的记载："仪銮司预期先于殿前绞缚山棚及陈设帐幕等……至日侵晨，仪銮司排设御座龙床，出香金、狮蛮、火炉子、桌子、衣帻等，及设第一行平章、宰执、

桃李园图轴　明　仇英　绢本

此画源自李白的《春夜宴桃李园序》。图绘四文士围案而坐、对饮吟诗的场景。

亲王座物，系高座锦褥；殿上第二、第三、第四行，侍臣、南班、武臣、观察使以上，并矮坐紫褥。东西两朵殿虎百官，系紫沿席，就地坐。翰林司排办供御茶，床上珠花看果，并供细果……果桌于未开内门时预行排办。御前头笼镣炉，供进茶酒器皿等，于殿上东北角陈设，候驾御玉座应奉。其御宴酒盏皆屈卮，如菜碗样，有把手，殿上纯金，殿下纯银。食器皆金棱漆碗碟。御厨制造宴殿食味，并御茶床上看食、看菜、匙箸、盐碟、醋樽，及宰臣亲王看食、看菜，并殿下两朵虎看盘、环饼、油饼、枣塔……"宫廷御宴的佳境真是非同一般。

"室雅"并非仅指酒店、饭馆的设施装潢，它的外延颇广，自然的美景，雅致的氛围是最重要的，最好的佳境则莫过于天然的美景了。春日游宴是唐人的主要享乐之一。长安人最爱在城东南的曲江池游宴。池边满是树木花卉，池四周楼阁华亭林立，池上则彩舟翩翩，好一番春日美景啊。在这美丽的景致中把酒高歌，享受佳肴，自然是别有一番情趣，美味会更美。寻觅美味佳境还不仅限于春日美景，花开四季，美食当然也离不开赏花。古籍《曲湖旧闻》记载，宋代名臣范镇的居所为长啸堂，堂前有荼蘼架，花开之时，纷飞飘扬，美不胜收。于是范镇常于花下宴请宾客，花落谁的杯中，谁就要受罚，常常无一人能免于罚酒。这样的赏花宴又被称为"飞英会"，可谓雅致独道的美食佳境。

不同的时代对饮食环境会有不同的要求，也会有不同的做法。但万变不离其宗，美食佳境均需高雅整洁，更需自然、适宜，以及环境和与筵席佳肴之间的和谐。美食佳境的创造并非千篇一律，也并非极尽奢华，要因地制宜，就地取景。如果是就餐处景色宜人，饭厅内就要眼界开阔，窗明几亮，不枉窗外一片美景；如果就餐处多为文人学者欢宴之年，则要悬挂书画，陈列古玩，便于风雅者观赏，也定会为筵宴增趣；如果就餐处为闹市街区，则要顺时顺景，白天雅致独道，晚上灯火通明，以出奇制胜，抢得先机；如果饭厅不大，则要力求简洁明快；饭厅宽敞，则要力求陈设丰实。

夫礼之初，始诸饮食

——饮食礼仪

中国素称"礼仪之邦""食礼之国"，"民以食为天"的饮食大事自然与礼仪密切相关。儒家经典《礼记·礼运》云："夫礼之初，始诸饮食"。五千年的中国饮食文化中蕴含着上自皇室，下至家庭一直恪守不移的饮食礼仪。这些礼仪无一不是深刻了我们的思想，存在于我们的生活，还会影响我们的未来。

古人为什么将食礼看得如此重要呢？《周礼·天官·大宗伯》云："以饮食之礼，亲宗族兄弟。"《曲礼上》则曰："夫礼者所以定亲疏，决嫌疑别异同，明是非也。礼，不妄说人，不辞费。礼，不逾节，不侵侮，不好狎。修身践言，谓之善行。行修言道，礼之质也。"正因为礼可以确定人际关系，分辨道理的是非，陶冶人的品德，养成良好行为。而"饮食男女，人之大欲也"，所以饮食之礼乃重中之重。对儒家经典三礼有所了解的人都知道，食礼可是说是一切礼仪制度的基础，饮宴活动几乎贯穿于所有的礼仪活动。

中国人的饮食礼仪是比较发达的，也是比较完备的，而且有从上到下一以贯通的特点。在中国，根据文献记载可以得知，至迟在周代时，饮食礼仪已形成为一套相当完善的制度。这些食礼在以后的社会实践中不断得到完善，在古代社会发挥过重要作用，对现代社会依然产生着影响，成为文明时代的重要行为规范。

中国的食礼涵盖面很广，可按多种方法进行分类。按民族划分，有汉族食礼和少数民族食礼；按阶层划分，有宫廷皇家食礼、官府缙绅食礼、军营将士食礼、学院士子

> **延伸阅读**
>
> 凡进馔于长，先将几案拂试，然后双手捧食器，置于其上，器具必干洁，肴蔬必序列。视尊长所嗜好而频食者，移近其前，尊长命之息，则退立于傍。食毕，则进而撤之。如命之侍食，则揖而就席，食必视尊长所向。未食，不敢先食；将毕，则先毕之，俟其置食器于案，亦随置之。
>
> ——清·张伯行《养正类编》

婚宴　清　选自《清人嫁娶图》

食礼、市场商贾食礼、行帮工匠食礼、城镇居民食礼和乡村农夫食礼；按地域划分，有东北地区食礼、华北地区食礼、西北地区食礼、华东地区食礼、中南地区食礼和西南地区食礼；按用途划分，有祭神祀祖食礼、重教尊师食礼、敬贤养老食礼、生寿婚丧食礼、贺年馈节食礼、接风饯行食礼、诗文欢会食礼、社交游乐食礼、百业帮会食礼和民间应酬食礼等等。总之，食礼的形式和内容丰富多彩，上自帝王将相，下至黎民百姓，无不与之发生广泛的联系，无不倚靠它进行社会交际。

与我们的生活密切相关的主要有宴饮之礼、待客之礼与进食之礼。

作为汉族传统的古代宴饮礼仪，自有一套程序：主人折柬相邀，到期迎客于门外。宾客到时，互致问候，引入客厅小坐，敬以茶水、烟或点心。《清稗类钞·宴会》云："（客来）即就坐，先以茶点及水旱烟敬茶，俟筵席陈设，主人乃肃客一一入席。"客齐后导客入席，以左为上，视为首席，相对首座为二座，首座之下为三座，二座之下为四座。客人坐定，由主人敬酒让菜，客人以礼相谢。席间斟酒上菜也有一定的讲究：应先敬长者和主宾，最后才是主人。男女同席时，则先女宾后男宾。酒要斟至八分满为宜。上菜时要先上冷菜后上热菜。上全鸡、全鸭、全鱼等大菜时，不能把头尾朝向正主位。宴饮结束，主人要将客人让入客厅小坐，上茶、交谈、辞别。这种传统宴饮礼仪如今在中国大部分地区仍保留得很完整。

汉族的宴饮之礼固是如此，而中国的少数民族食礼则更加富有特色。蒙古族认为马奶酒是圣洁的饮料，用它款待贵客。宴客时也十分讲究仪节，吃手抓羊肉，要将羊琵琶骨带肉配四条长肋献给客人。蒙古族招待客人最隆重的是全羊宴，将全羊各部位一起入锅煮熟，开宴时将羊肉块盛入大盘，尾巴朝外。主人请客人切羊荐骨，或由长者动刀，宾主同餐。

待客的礼仪，《周礼》《仪礼》与《礼记》这儒家经典"三礼"中已经记载得非常详细。

凡是陈设便餐，带骨的菜肴放在左边，切的纯肉放在右边；干的食品菜肴靠着人的左手方，羹汤放在靠右手方；细切的和烧烤的肉类放远些，醋和酱类放在近处；蒸葱等伴料放在旁边，酒浆等饮料和羹汤放在同一方向。这些规定都是从用餐实际出发的，并不是虚礼，主要还是为了取食方便。仆从摆放酒壶酒樽，要将壶嘴面向贵客；端菜上席时，不能面向客人和菜肴大口喘气，如果此时客人正巧有问话，必须将脸侧向一边，避免呼气和唾沫溅到盘中或客人脸上。主人要做引导，要做陪伴，主客必须共餐。尤其是有长者在席时，酌酒时须起立，离开座席面向长者拜而受之。长者表示不必如此，少者才返还入座而饮。长者可举杯一饮未尽，少者不得先干。长者如有酒食赐与少者和僮仆等低贱者，他们不必辞，少者还得记住要先吃几口饭，谓之"尝饭"。虽先尝食，却又不得自己先吃饱完事，必得等尊长吃饱后才能放下碗筷。凡是熟食制品，侍食者都得先尝一尝。如果是水果之类，则必让尊者先食，少者不可抢先。

食礼为先，食礼是饮膳宴筵方面的社会规范与典章制度，餐饮活动中的文明教养与交际准则，赴宴人和东道主的仪表、风度、神态、气质的生动体现。

进食之礼在先秦时已有了非常严格的要求。进食时少者、位卑者一般要坐得比尊者长者靠后，而进食时要尽量坐得靠前一些，以免不慎掉落的食物弄脏了座席。主人不能先吃完而撤下客人，要等客人食毕才停止进食。宴饮完毕，客人自己须跪立在食案前，整理好自己的餐具及剩下的食物，交给主人的仆从。更有"共食不饱""共饭不泽手""毋口它食""毋啮骨""毋投与狗骨""毋扬饭""毋刺齿""当食不叹"等许多饮食礼仪。这些进食之礼曾作为许多家庭的家训，代代相传。

幽赏未已，高谈转清

——席间雅兴

中国人不仅讲究吃，还讲究吃的艺术。一桌宴席不仅要吃得有滋味，还要吃得有兴致、有水平。如果一人坐于席上，或大汗淋漓、挥汗咀嚼，或谈吐粗鲁、举止不雅，那岂不是在暴殄天物？诗仙李白《春夜宴从弟桃花园序》云："幽赏未已，高谈转清。开琼筵以坐花，飞羽觞而醉月。"只有这样的雅兴、逸兴，才能使宴席陡增味外之味，盎然无比。

中国著名学者钱锺书先生在《吃饭》中写道："可口好吃的菜还是值得赞美的。这个世界给人弄得混乱颠倒，到处是磨擦冲突，只有两件最和谐的事物总算是人造的：音乐和烹调。一碗好菜仿佛一支乐曲，也是一种一贯的多元，调和滋味，使相反的分子相成相济，变作可分而不可离的综合。"可见音乐与吃饭真是密切相关。现在我们去餐厅吃饭时，也会伴着许多好听的乐曲，口尝美味，耳闻轻乐，其中兴味自是妙不可言。殊不知，远在3000年前的西周，就已经有了宴饮的音乐了。《诗经》云："我有嘉宾，鼓瑟鼓琴。鼓瑟鼓琴，和乐且湛。"不仅有音乐，还要有舞蹈，席间欣赏千娇百媚的舞姿，也是古代宴饮中比较常见的。宫廷宴饮的乐队不仅能表演歌舞，还能表演魔术、杂耍、木偶、百戏、杂剧等。乐声与舞姿赋予筵宴的，有热烈动情的气氛，还有那稳健、雅致的旋律，令人神娱胃开。

诗文宴饮，大多为文雅之士而为之。此时食客既要有席宴的吃情，又要有应时的才情。诗文言志，宴饮吃情，早在先秦之时，就有以赋诗为宴饮增趣的。《春秋左传》记载，齐国国君与晋国国君欢宴，席上晋国大夫荀吴赋诗曰："有酒如淮，有肉如坻。寡君中此，为诸侯师。"齐君也赋诗曰："有酒如渑，有肉如陵。寡人中此，与君代兴。"两人均赋诗颂扬自己的国家，在这样颂扬的豪情之中不禁大增宴席的雅兴。不仅诗如此，文亦然。唐朝著名诗人王勃在宴会上文情大发，挥毫泼墨，留下了千古绝唱《滕王阁序》流传至今。可想而知，赋文之后的宴席定会别有兴味。

为筵宴助兴，除了音乐舞蹈和赋诗撰文之外，古人席间还有种种雅致的游乐活动,有的甚至流传至今。如礼射、投壶、流觞、传花、酒令……这些游乐活动虽大多与饮酒关系更为密切,但却无不为席宴增添无限的趣味。

礼射是中国古代兼有政治性和娱乐性的宴饮游戏。按照一定的礼仪规则来竞赛射箭,胜者罚负者喝酒,即所谓"射为罚爵"。《诗经·小雅·宾之初筵》中就有这样的记载。

投壶也是古代宴会礼仪性的宴饮游戏。投壶游戏在春秋时代已经颇为流行,之后历朝历代都将其作为席间雅兴的一项重要的游乐活动。投壶即以盛酒的壶口为投矢的目标,以矢投进壶中的数量多少来定胜负,"胜饮不胜者",即胜者可以罚负者喝酒。此种宴饮游戏融健身、饮食、娱乐于一体,真正会令人精神愉悦,胃口大开。

雍正帝十二月令行乐·四月流觞

流觞又称"流杯""浮杯"。"觞""杯"均为酒器,又称为"羽觞"或"耳杯",春秋战国之时的楚国就已经非常流行羽觞了。羽觞很轻,能够浮于水上。人们在水旁欢宴时,将酒杯盛满酒自上游放入水中,之后奏乐。待酒杯流到筵席之处时,众人便取酒分饮。在山水美景之间,将饮酒、美食和玩乐融为一体,是何等的雅兴啊。

酒令更是中国人席上常见的游乐方式,以酒令佐饮既活泼又富有情趣。酒令用于行酒,是以众人事先约定的方式来决出胜负,以胜者罚负者酒。酒令多种多样,多为文字游戏,有对诗、联句、拆字、回环、连环、藏头等。此外,还有骰令、游戏令,即掷骰子行酒和抛球、划拳等游戏方式。唐代著名诗人白居易就以"香球趁拍回环匼,花盏抛巡取次飞"形容了酒筵上欢快热烈的抛球游戏的场面。

传花也是古人筵宴上的一个极其有趣的节目。最常见的一种是击鼓传花,现今的人们仍然乐此不疲。击鼓时,在座每人依次传递花枝,鼓停之时,花枝在谁手中,此人即受罚。除了传花,还有数花。据宋代叶梦得《避暑录话》载,宋代大文学家欧阳修在扬州有一座"淮南第一堂"美誉的平山堂。每逢暑天,便会与骚人墨

投壶图

客、至友同人们宴饮于此。饮酒之时，常常令人将池中的荷花摘来，与众宾客依次摘取花瓣，待花瓣全被摘光之时在谁手里，谁就要认罚酒一杯。众人欢宴，"往往侵夜戴月而归"。

除了以上这些宴席雅兴之外，古人常见的宴饮游乐活动还有舞剑、看戏、划拳、征联、说笑话、抛球、骰子、酒胡子等多种，都体现了古人尚游乐的席间雅兴。

除了音乐、舞蹈之外，前人那些风趣、雅致、睿智，融饮食于娱乐之中的席间雅兴，是应该得到我们的继承和发扬的。另外，我们还可以根据特定的环境与条件，创造出一些富有情趣、饶有兴味的宴饮活动，使席间雅兴大增，为我们的筵宴在欢愉、逸致中结束，何乐而不为呢？

名扬四海

——有雅有俗的佳肴美名

中华民族饮食文化源远流长，菜可品，名亦可品。无名之菜，无名之宴，在中国几乎是找不到的。"霸王别姬""芙蓉鸡片""东坡肉""宫保鸡丁"，中国菜有雅有俗的佳肴美名将中国的饮食文化的无穷魅力展现得淋漓尽致。

一道好菜，一桌佳宴，如配有奇丽、典雅、响亮的雅名，一定会先声夺人，使人心情愉快，食欲大增，思之有味，品之有趣。如豆苗比作"龙须"，鸡蛋白比作"芙蓉"，鸡翅比作"华袖"，鸡爪则为"凤爪"，豆腐为"白玉"，萝卜丝炒红椒咏为"踏雪红梅"，菠菜炒蕃茄烘托"翠柳红梅"，粉条炒猪肉末展示"蚂蚁上树"，鸡脚烧鹌鹑蛋呼为"月映玛瑙"……含意隽永、形象生动、富有诗情画意的菜肴名称总令人"未见其物，先醉其味"，给人无穷的遐想和回味。

大体上来说，中国的菜名有质朴之实与典雅之虚之分。学者唐振常在《说菜名》一文中以"鲃肺汤"和"一行白鹭上青天"两个菜名为例，说道："这两个名字，代表了中国菜肴取名的两种旨趣，两种方法，一言其实，一取其虚，大概可以作为中国菜命名的概括。"

从质朴来说，大量菜肴的名称，几乎都是直接从烹饪工艺中的原料、味型、形状、色彩、技法着手，朴素中略加点缀，简意明了，使人一目了然。以原料命名的有西湖醋鱼、人参鸡、陈皮牛肉等；以味型命名的有鱼香肉丝、五香鸡、十香菜等；以形状命名的有太极芋泥、菜汁双丝卷、宫保鸡丁等；以色彩命名的有金玉羹、五彩鱼丝、七彩杂锦煲等；以技法命名的有红烧鲤鱼、南煎丸子、白扒鱼翅等。还有大量以数字、时令、气象命名的菜肴美名，也都带有质朴之美。如一品豆腐、九转大肠、百鸟朝凤。

中国菜名通过比喻、典故、寄意、抒怀等方式展示出来的典雅之美更是具有无穷的魅力，美在名中，意在味中。凤凰鱼翅、四龙相会、蟠龙大鸭等以龙凤喻鸡等动物；凡味、色、料成双的皆可以"鸳鸯"称呼，鸳鸯全鱼、鸳鸯锅贴、鸳鸯蛋卷

延伸阅读

菜肴的命名方法有多种，以原料为主的命名方法有：

烹调方法与主料配合命名

红扒鱼翅、葱烧海参、清蒸加吉鱼、煎蒸黄鱼、油爆双脆

辅料与主料配合命名

1. 辅料＋主料：蟹黄蹄筋、芝麻鱼球、人参贝母鸡、锅巴肉片、鲜奶鲜鱼唇
2. 主料＋辅料：鱿鱼松子、海参肘子、玻肚鱿鱼

主料或辅料与其造型配合命名

1. 主料造型：松鼠鱼、荔枝鱿鱼卷、金钱鸡塔、凤尾大虾、镜箱豆腐
2. 辅料造型：荷花鱼翅、菊花全蝎、蝴蝶海参、芙蓉鲜贝、知了白菜

烹调方法与主料及其造型配合命名：煎烹虾饼、炸豆腐丸子、蜜汁牛方、白灼响螺片、油泡虾球

主要调味品与主辅料配合命名

1. 主要调味品＋主料：豆豉肉、冰糖肘子、陈皮牛肉、酱汁肉、花雕鸡
2. 主要调味品＋烹调方法＋主料：盐煎肉、醋溜凤脯、百花酒焖鸡、茄汁煎牛柳、奶油扒菜胆

味型与主料配合命名

家常海参、酸辣蹄筋、鱼香鲜贝、姜汁肘卷、蒜泥白肉

色泽、质地与主（辅）料配合命名

1. 色泽与主（辅）料配合：三色鸡鱼丸、玛瑙银杏、琥珀莲子、翡翠虾仁
2. 颜色＋烹调方法＋主（辅）料：五彩炒蛇丝、五彩炒鲍丝
3. 质地＋主（辅）料：脯酥全鱼、干烂虾仁、香酥鸭子、香脆银鱼

盛装器物或包卷物与主（辅）料配合命名

1. 器皿＋主（辅）料：坛子肉、砂锅三味、毛肚火锅、汽锅鸡
2. 水果制盛装器皿＋主料：冬瓜盅、西瓜盅、椰子盅、八宝梨罐
3. 包卷用料＋主料：荷叶蒸肉、网油卷、纸包鸡

地名＋主（辅）料配合命名

博山豆腐、合川肉片、无锡肉骨头、常熟叫化鸡、鼓城鱼丸

人名＋主（辅）料配合命名

东坡肘子贵妃鸡翅、大千干烧鱼、太白鸡、太白鸭

多原料组合成型方法与主（辅）料配合命名

八宝酿梨、鱼包三丝、香芋扣肉、煎酿茄瓜、扒酿海参

等；味美之物还可以比喻成神仙鸭、神仙蛋、醉八仙、通神饼、一品罗汉菜等。这些比喻菜名无不奇巧佳美，充满了想象力。

以典故给菜肴命名更是传统菜肴常常使用的命名方法。一个菜名就是一个历史典故，中国的文化品味融入菜之美味，食客品之，则别有一番风味。东坡肉、霸王别姬、贵妃鸡、西施玩月、护国菜等佳肴美名，均因历史上的名人苏轼、项羽、杨玉环、西施、末代宋帝等而得名，品其菜而思其人，历史、文化、美味全在菜中了，实在快哉美哉。

有些菜名加以夸张和想象，在御膳和隆重的宴席上最为常见。这些菜名总是有一些华贵的雅致。如凤凰卧雪、宫门献鱼、孔雀开屏、蛟龙献珍等。而三元鱼脆、四喜汤圆、五福鱼圆、如意蛋卷等菜名则满含着吉祥祝愿的典雅。

除此之外，艺术性的佳肴美名也屡屡见于中国菜谱文化之中。这些菜名可依托名胜命名，也可借助诗文成语命名。那藻丽的词名，使菜名极富诗情画意。比如柳浪闻莺、掌上明珠、推纱望月、阳关三叠、乌云托月。

菜肴的命名是要遵循一定的原则的，不能妄自为之。首先，菜肴的命名要力求通俗易懂，不可高深莫测。唐振常先生也提到了这一点："倒是富贵庸俗而又莫名其妙之名，往往占据了菜单，越是大饭馆，这类菜名越多。诸如'一品当朝''带子上朝''百鸟朝凤''孔雀迎春''蛟龙戏珠''松鹤延年''喜翠登梅''红翠白玉'等，庸俗之味十足，除了带子可以知道是新鲜干贝，其余都不知究竟是什么。"虽说是唐先生的一己之见，但是也不无道理。

中国有雅有俗的佳肴美名使得人们在品尝美味佳肴的同时也品尝了菜名的文化美味，菜名文化真可谓饮食文化中独具特色的一道风景线。

流觞曲水，野于饮食

——野餐史话

现代社会工作节奏飞快，每逢节假日，特别在春游季节，劳顿的人们总要带上家人，叫上朋友，到公园到郊外去放松一下紧张的神经。而出游的人们也总免不了要在野外边吃边玩，这就是我们通常所说的野餐。

野餐看似平常，却也是中国饮食文化的重要组成部分。中国人饮食的情趣之美在野外的宴饮中有着明显体现。

中国古代很早就有狩猎之举，捕获的猎物就地就会成为人们口中的食物，这便是野餐的雏形。《墨子》有云："启乃淫溢康乐，野于饮食"，说的是中国夏代第一个无道国君夏启在野外聚餐、吃喝玩乐的事情。周代的礼制非常严格，礼中的郊祭则必不可少。每逢郊祭日，人们便会带着各种食品到野外去拜祭神灵。祭祀之后，众人便进行野餐。

在先人的倡导之下，历代都有野餐的食俗。人们出去野餐，大多在气候宜人的春秋两季。春季的三月三上巳节和秋季的九月九重阳节是人们野餐宴饮的最佳日子。

曲水流觞图　宋
此图描绘的是东晋大书法家王羲之在春三月与朋友集会赋诗之雅事。

魏晋时期，文人墨客们兴起了"曲水流觞"的野宴。其中以著名书法家王羲之会稽山阴（今浙江绍兴）的兰亭野宴最享有盛誉。王羲之亲笔的《兰亭集序》至今仍为书法界的瑰宝。公元353年的三月三上巳节，王羲之与谢安、孙绰等42人在郊外"曲水流觞"。就是借着曲折流淌的小溪，将酒杯盛满酒放在水里漂流，停在谁的面前，谁就得饮酒。赏美景，饮美酒，品美味，其中情趣真是妙不可言。

唐代国力空前强盛，男女老少都对野餐情有独钟。古籍《开元天宝遗事》就有"都人士女，至春时，郊外为探春之宴"的记载。

清代，学者顾禄也描述了时人在三月三这天的野宴活动。他的著作《清嘉录》中曾多次写到野宴："吴俗好遨

狩猎聚餐图　清

游，当春和景明，莺花烂漫之际，用楼船箫鼓，具酒肴，以游上方、石湖诸处，上巳日为最盛。"

中国人在九月九重阳节时有登高、赏菊花、饮菊花酒、吃重阳糕的风俗。晋人重阳节登高野餐的著名宴集有东晋末年刘裕与其僚属在彭城的戏马台之宴。宴中有著名的诗人谢灵运与会，作诗记之："良辰感圣心，云旗兴暮节。鸣葭戾朱宫，兰卮献时哲。饯宴光有孚，和乐隆所缺。"在秋高气爽的季节，风翻云飞，和着轻快优美的音乐，大家聚在一起品尝着丰盛的筵席，这是多么惬意的野餐啊。明刘侗、于奕正《帝京景物略·春场》云："九月九日，载酒具、茶炉、食榼，曰登高。香山诸山，高山也；法藏寺，高塔也；显灵宫、报国寺，高阁也，释不登。凭园亭，闶坊曲为娱耳。"

野餐有多种多样的形式，船上野宴也是其中的一种。《清嘉录》在描述清代苏州人重阳节野餐时说："或借登高之名，遨游虎阜，箫鼓画船，更深乃返。"古时，苏、杭、扬一带多有一种游船，在船中可欣赏不断变换的美景，还可在船上饮酒作

乐，品尝美味佳肴，感受野宴的欢愉。杭州的西湖、扬州的瘦西湖上的游船尤为著名。清代，扬州瘦西湖中有一种酒船，名叫"沙飞"。船上厨师、炊具和多种烹调原料应有尽有。有趣的是，游客并不乘坐"沙飞"，而是坐在航行在"沙飞"前面的"画舫"之上。菜肴做成之后从"沙飞"上传递到"画舫"上去供游客品尝。《扬州画舫录》曾对之做过形象的描绘："画舫在前，酒船在后。橹篙相应，放乎中流。传餐有声，炊烟渐上……诣之'行庖'。"清代著名诗人朱彝尊在其《虹桥》诗中也曾赞道："行到虹桥转深曲，绿杨如荠酒船来。"

郊游野餐要随身携带炊具、餐具比较困难，但那些雅人高士仍会想出许多其他的办法。明高濂《遵生八笺》中写溪山逸游用的提盒和提灯，就是专供野餐的用具。提盒像一个小厨，内放杯筷酒壶之类，上面分数格，或每格六碟，或每格四碟，置果肴酒菜，可供六人之需。提炉形式如提盒，分上下两格。上层大，用于盛炭，下层放一锅炉，可烹茶暖酒，旁有一锅，可煮粥供客。借助于这种提盒和提炉，就可以"邀朋郊外踏青，载酒湖头泛棹"了。

野餐大多要与野外的美景和情境结合起来，吃出情趣，吃出快乐。林语堂对此也颇有感悟："秋月远未升起之前，像李笠翁这样的风雅之士，就会像他自己所说的那样，开始节省支出，准备选择一个名胜古迹，邀请几个友人在中秋朗月之下，或菊花丛中持蟹对饮。他将与知友商讨如何弄到端方太守窖藏之酒。他将细细琢磨这些事值，好像英国人琢磨中彩的号码一样。只有采取这种精神，才能使我们的饮食问题达到艺术的水准。"

野餐是中国人颇为喜爱的一种饮食方式，有着悠久的历史。野餐既富有情趣，又有益于人们的身心。久住城市的人，长年累月在喧闹、拥挤、紧张、污染的环境中生活，回归大自然便成为假日的应有之意。野餐把饮食同郊游紧密地结合在一起，既可以心旷神怡地享受大自然的美景，又可以调剂一下口味，何乐而不为？

名家论吃

论吃饭

——朱自清

我们有自古流传的两句话：一是"衣食足则知荣辱"，见于《管子·牧民》篇，一是"民以食为天"，是汉朝郦食其说的。这些都是从实际政治上认出了民食的基本性，也就是说从人民方面看，吃饭第一。另一方面，告子说，"食色，性也"，是从人生哲学上肯定了食是生活的两大基本要求之一。《礼记·礼运》篇也说到"饮食男女，人之大欲存焉"，这更明白。照后面这两句话，吃饭和性欲是同等重要的，可是照这两句话里的次序，"食"或"饮食"都在前头，所以还是吃饭第一。

这吃饭第一的道理，一般社会似乎也都默认。虽然历史上没有明白的记载，但是近代的情形，据我们的耳闻目见，似乎足以教我们相信从古如此。例如苏北的饥民群到江南就食，差不多年年有。最近天津《大公报》登载的费孝通先生的《不是崩溃是瘫痪》一文中就提到这个。这些难民虽然让人们讨厌，可是得给他们饭吃。给他们饭吃固然也有一二成出于慈善心，就是恻隐心，但是八九成是怕他们，怕他们铤而走险，"小人穷斯滥矣"，什么事做不出来！给他们吃饭，江南人算是认了。

可是法律管不着他们吗？官儿管不着他们吗？干吗要怕要认呢？可是法律不外乎人情，没饭吃要吃饭是人情，人情不是法律和官儿压得下的。没饭吃会饿死，严刑峻罚大不了也只是个死，这是一群人，群就是力量：谁怕谁！在怕的倒是那些有饭吃的人们，他们没奈何只得认点儿。所谓人情，就是自然的需求，就是基本的欲望，其实也就是基本的权利。但是饥民群还不自觉有这种权利，一般社会也还不会认清他们有这种权利；饥民群只是冲动的要吃饭，而一般社会给他们饭吃，也只是默认了他们的道理，这道理就是吃饭第一。

三十年夏天笔者在成都住家，知道了所谓"吃大户"的情形。那正是青黄不接的时候，天又干，米粮大涨价，并且不容易买到手。于是乎一群一群的贫民一面抢米仓，一面"吃大户"。他们开进大户人家，让他们煮出饭来吃了就走。这叫做"吃大户"。"吃大户"是和平的手段，照惯例是不能拒绝的，虽然被吃的人家不乐意。当然真正有势力的尤其有枪杆的大户，穷人们也识相，是不敢去吃的。敢去吃的那些大户，被吃了也只好认了。那回一直这样吃了两三天，地面上一面赶办平粜，一面严令禁止，才打住了。据说这"吃大户"是古风；那么上文说的饥民就食，该更是古风罢。

但是儒家对于吃饭却另有标准。孔子认为政治的信用比民食更重，孟子倒是以民食为仁政的根本；这因为春秋时代不必争取人民，战国时代就非争取人民不可。然而他们论到士人，却都将吃饭看做一个不足重轻的项目。孔子说，"君子固穷"，说吃粗饭，喝冷水，"乐在其中"，又称赞颜回吃喝不够，"不改其乐"。道学家称这种乐处为"孔颜乐处"，他们教人"寻孔颜乐处"，学习这种为理想而忍饥挨饿的精神。这理想就是孟子说的"穷则独善其身，达则兼善天下"，也就是所谓"节"和"道"。孟子一方面不赞成告子说的"食色，性也"，一方面在论"大丈夫"的时候列入了"贫贱不能移"一个条件。战国时代的"大丈夫"，相当于春秋时的"君子"，都是治人的劳心的人。这些人虽然也有饿饭的时候，但是一朝得了时，吃饭是不成问题的，不像小民往往一辈子为了吃饭而挣扎着。因此士人就不难将道和节放在第一，而认为吃饭好像是一个不足重轻的项目了。

伯夷、叔齐据说反对周武王伐纣，认为以臣伐君，因此不食周粟，饿死在首阳山。这也是只顾理想的节而不顾吃饭的。配合着儒家的理论，伯夷、叔齐成为士人立身的一种特殊的标准。所谓特殊的标准就是理想的最高的标准；士人虽然不一定人人都要做到这地步，但是能够做到这地步最好。

经过宋朝道学家的提倡，这标准更成了一般的标准，士人连妇女都要做到这地步。这就是所谓"饿死事小，失节事大"。这句话原来是论妇女的，后来却扩而充之普遍应用起来，造成了无数的惨酷的愚蠢的殉节事件。这正是"吃人的礼教"。人不吃饭，礼教吃人，到了这地步总是不合理的。

士人对于吃饭却还有另一种实际的看法。北宋的宋郊、宋祁兄弟俩都做了大官，住宅挨着。宋祁那边常常宴会歌舞，宋郊听不下去，教人和他弟弟说，问他还记得当年在和尚庙里咬菜根否？宋祁却答得妙：请问当年咬菜根是为什么来着！这正是所谓"吃得苦中苦，方为人上人"。做了"人上人"，吃得好，穿得好，玩儿得好；"兼善天下"于是成了个幌子。照这个看法，忍饥挨饿或者吃粗饭、喝冷水，只是为了有朝一日可以大吃大喝，痛快的玩儿。吃饭第一原是人情，大多数士人恐怕正是这么在想。不过宋郊、宋祁的时代，道学刚起头，所以宋祁还敢公然表示他的享乐主义；后来士人的地位增进，责任加重，道学的严格的标准掩护着也约束着在治者地位的士人，他们大多数心里尽管那么在想，嘴里却就不敢说出。嘴里虽然不敢说出，可是实际上往往还是在享乐着。于是他们多吃多喝，就有了少吃少喝的人；这少吃少喝的自然是被治的广大的民众。

民众，尤其农民，大多数是听天由命安分守己的，他们惯于忍饥挨饿，几千年来都如此。除非到了最后关头，他们是不会行动的。他们到别处就食，抢米，吃大户，甚至于造反，都是被逼得无路可走才如此。这里可以注意的是他们不说话；"不得了"就行动，忍得住就沉默。他们要饭吃，却不知道自己应该有饭吃；他们行动，却觉得这种行动是不合法的，所以就索性不说什么话。说话的还是士人。他们由于印刷的发明和教育的发展等等，人数加多了，吃饭的机会可并不加多，于是许多人也感到吃饭难了。这就有了"世上无如吃饭难"的慨叹。虽然难，比起小民来还是容易。因为他们究竟属于治者，"百足之虫，死而不僵"，有的是做官的本家和亲戚朋友，总得给口饭吃；这饭并且总比小民吃的好。孟子说做官可以让"所识穷乏者得我"，自古以来做了官就有引用穷本家穷亲戚穷朋友的义务。到了民国，黎元洪总统更提出了"有饭大家吃"的话。这真是"菩萨"心肠，可是当时只当作笑话。原来这句话说在一位总统嘴里，就是贤愚不分，赏罚不明，就是糊涂。然而到了那时候，这句话却已经藏在差不多每一个士人的心里。难得的倒是这糊涂！

第一次世界大战加上五四运动，带来了一连串的变化，中华民国在一颠一拐的走着之字路，走向现代化了。我们有了知识阶级，也有了劳动阶级，有了索薪，也有了罢工，这些都在要求"有饭大家吃"。知识阶级改变了士人的面目，劳动阶级改变了小民的面目，他们开始了集体的行动；他们不能再安贫乐道了，也不能再安分守己了，他们认出了吃饭是天赋人权，公开的要饭吃，不是大吃大喝，是够吃够喝，甚至于只要有吃有喝。然而这还只是刚起头。到了这次世界大战当中，罗斯福总统提出了四大自由，第四项是"免于匮乏的自由"。"匮乏"自然以没饭吃为首，人们至少该有免于没饭吃的自由。这就加强了人民的吃饭权，也肯定了人民的吃饭的要求；这也是"有饭大家吃"，但是着眼在平民，在全民，意义大不同了。

抗战胜利后的中国，想不到吃饭更难，没饭吃的也更多了。到了今天一般人民真是不得了，再也忍不住了，吃不饱甚至没饭吃，什么礼义什么文化都说不上。这日子就是不知道吃饭权也会起来行动了，知道了吃饭权的，更怎么能够不起来行动，要求这种"免于匮乏的自由"呢？于是学生写出"饥饿事大，读书事小"的标语，工人喊出"我们要吃饭"的口号。这是我们历史上第一回一般人民公开的承认了吃饭第一。这其实比闷在心里糊涂的骚动好得多；这是集体的要求，集体是有组织的，有组织就不容易大乱了。可是有组织也不容易散；人情加上人权，这集体的行动是压不下也打不散的，直到大家有饭吃的那一天。

说吃

——李广田

小时候曾听过老年人的训诫，说不可对着正在吃饭的人注视，或说，吃饭的时候不要尽望着别人的嘴。当时只以为这是为了对人的礼貌，以为是当然的，却不知其所以然。现在我仿佛懂得这意思，因为吃饭实在并不好看，这不好看尤其表现在嘴上。

有很多事情都是习而不察，假如详细观察起来，最平常的事也足以令人惊心。你曾注意到一个贪馋的人如何吃饭吗？不论什么，只要有得吃的就好，他吃得又香又甜，他的唇舌作出种种声音，他的脸上作出种种表情，他的腿抖动着，那正是他的食欲的节奏，假如下面是地板，地板也动起来，假如那桌子不平，桌子也动起来，假如那碗盏不平，碗盏也动起来，而且叮叮响起来，正在吃着的人自然是忘人忘我，忘神忘形。"饮食之人，人皆贱之！"你也许这么骂一句。然而且慢，我这里却不愿说这种人，我只想说那平常的人。就是任何人，你只要注意他如何吃，你将越看越觉得好笑，但这是不能笑的，因为人人的鼻子下面都有一个填不满的洞，而且那洞门口还有两列闪闪发光的坚利的锯齿，人人都要吃。但也正因为如此，你反而觉得这事情越来越严重了，你将不能自已地想道：所谓人生者原来就是为了"这个"，顶顶要紧的原来就是"这个"！有意义或无意义，高尚或卑劣，都不成问题，问题却只在于"这个"是必须的，假如一天不吃，一天就难受，假如多日不吃，那就要饿死。更进一步，假如你看一个饥饿已久的人在吃饭，假如那个饥饿的人是个大丈夫，一只饿虎，他将如何吃法呢？他也许已经变成一个馋人，像我们前边所说的那样的人，其实他恐怕比那个馋人更可怕，因为他正如那干旱了很久的土地之于一滴雨水，他要顷刻之间把生命挽转回来。你看他吃，你还能看下去？你难道不在心里想着：这个人，应当让他吃饱，而且应当设法让他不再饥饿。更进一步，你假如是看一大群饥饿的人在吃饭，而那一群人面前却只有少量可以充塞饥肠的东西，而这些人又是只想到自己的生命而并不顾及别人，你看他们将如何吃法？恕我对于人类的失敬，我想起来了，每一个农人都懂得这个道理：假如养一头猪，它不肯吃，假如有十头猪，于是个个都肯吃，因为要抢，要夺，要推开你，我来吃。但是我们看着猪在吃，并不惊讶，因为猪，以及其他动物，几乎是以吃为最高生命，而人则不然，人除了吃还要作些别的事。譬如人之中有所谓哲学家，他要思索宇宙人生，还想改造宇宙人生；又有所谓诗人，他要体察宇宙人生，又要用最美好的方法去表现宇宙人生中那最美好的事物；又有些大智大德，他们自己也许饭蔬饮水，也许箪瓢屡空，然而他们却在"为天地立心，为生民立命"。人之所异于禽兽者几希，而异中有同，同处就是无论如何总得吃，因为，在人类，虽然有那么些最高最美最伟大的事业要做，而吃却也是生命的最后基础。彻斯特顿在论述亚诺德的文章中曾经说："他呀，他绝不会赏识当阿西西的圣弗郎西把自己的肉体称之为'我的兄弟这个驴'的时候那份力量（更不必说那种幽默了）。他绝不会体会这种感觉（同时充满了恐惧与喜笑的），就是：我们这个肉体'乃是'一个动物，而是一个最滑稽可笑的动物。"说是滑稽可笑，诚然是，而其严肃可怕也更甚。你看一个人在吃，你说那是喜剧的，而其为悲剧的也有过之而无不及。

话再说回来，我们最好还是遵从小时候听过的训诫吧：不要看人吃，不要看那正在吞咽撕嚼的嘴，因为这并不愉快，无论其为喜剧的或悲剧的。然而你也许还要想象（自然有好多人是不能想象，也不肯伤脑筋去想象或推想的），你想到普天之下有多少饥饿的人民，我们这些同类，由于饥饿，由于欲求一饱而不可得，由于把生活的最高理想被限制在"吃"上，这些"人"都变成了"动物"。《曾经为人的动物》，高尔基这部小说说明了这事实。虽然，我们却不忍再用一群猪在争吃一小槽糠秕的情形来比拟了。我们应当这样想象：大地乃是一个丰实的大食仓，要人吃；长江大河都是清泉，要人喝。生在这地面上的人们，凡是流汗的人们，都应该不愁饮食。然而事实却不然。事实是，有如但丁在《神曲》的《净界》中所写的，这里有一棵树，高枝上长满了好果子，但可望而不可即，又有一道清泉，却不能喝，虽然我们这些善良的同类并不像那些生前讲究吃喝的精灵似的应受这种"可望而不可即'的折磨，他们也不是第三层地狱中那些贪口腹之欲的鬼魂，然而，却同样被处罚在泥塘里，反使他们受着雨雪的濯打，而且还有叫做塞勃鲁司的三匹猛犬守在泥塘边，常常咬啮那些竟敢探耳出来的鬼魂。他们也许有罪，他们的罪是什么呢？那也许就是：他们没有结合起来，没有为了生命而去争取……

有多少人不是为了吃而忧愁，或是把忧愁和着一口粗粒同时下咽呢。但是，他又想起一个故事来了：一个皇帝，每餐的御筵上有480样食品，丰盛而奇美，他每次总也是用了忧愁的面孔去对着那食桌，因为，太丰盛了，使他无下箸处，而且，每次又总是他一个人独享，他觉得毫无趣味。有时他下了圣旨，召某某宠妾来陪膳，不料只是要来到他面前的人就变成了奴隶，竟丝毫没有"人"的可爱处，他的忧愁真是无可如何的。然而他却绝不会想到，他的"无下箸处"却正是那些人民的"无箸可下"的原因，也正是那些人民的"可望而不可即"的原因。

吃——这永远令人发愁的把戏，是滑稽可笑的呢，还是严肃可怕的呢？是喜剧的呢，还是悲剧的呢？谁若说这是滑稽可笑的喜剧，也许会有人骂他丧心病狂；谁若说这是严肃可怕的悲剧，这悲剧为什么一定要永远地继续排演？

第六章

历史与文化的馈赠

菜以人传，人因菜扬

——名人与名菜

中华饮食文化博大精深，源远流长。古往今来，多少名肴佳馔妇孺皆知，扬名海内外。名菜又多与名人有着不解之缘，二者相互成趣，被传为佳话。其间许多说不完、道不尽的趣闻轶事为人们的餐桌平添了无限的兴味和情趣。

中国是诗礼之国，许多文人名家赋离骚、吟绝唱。而闻名遐迩的中国菜肴更与这些文人墨客密切相关。美味的川菜就与唐代伟大的诗仙、诗圣关系密切。诗仙李白幼年随父迁居绵州昌隆，即现在的四川江油青莲乡，直至25岁才离开。诸多川菜中，他非常偏爱焖蒸鸭子。入京侍主，他还将此菜进献给唐玄宗，如此佳肴美味，皇帝自然非常欣赏，赐名"太白鸭"。诗圣杜甫居于四川草堂，留下了"青青竹笋迎船出，日日江鱼入馔来"的绝唱。宋代著名的大文学家苏轼与"东坡肉"这道名菜可谓妇孺皆知。苏轼号东坡，喜食猪肉，元丰三年贬官黄州时，曾逗趣写下《猪肉颂》一首："黄州好猪肉，价贱如粪土；富者不肯吃，贫者不解煮，慢著火，少著水，火候足时它自美。每日起来打一碗，饱得自家君莫管。"苏东坡第二次到杭州任职时，筑堤建桥，疏通西湖。百姓为了感谢这位太守，抬着猪肉，挑着绍兴黄酒来慰劳这位父母官。苏轼接受百姓馈赠的猪肉、绍兴黄酒等礼物，并命厨师按照他总结的烧肉经验烹制成佳肴给民工们品尝。大家吃后，全都称赞此肉酥香味美，肥而不腻，于是人们便以他的名字命名这道菜为"东坡肉"。后来东坡肉的名气越来越大，制作得也越来越精致，成为中外闻名的传统佳肴，一直盛名不衰。

"雪底芹菜"这道佳肴则与中国四大名著之一《红楼梦》的作者曹雪芹有关。所谓雪底芹菜，就是冬雪覆盖下的芹菜嫩芽炒斑鸠肉丝，清淡鲜美，味道绝佳。曹雪芹嗜酒喜吃，家道衰落后，经常自己烹调肴馔，其中最爱吃的就是雪底芹菜。

除了文学家之外，历代的皇室将相们以其特定地位使许多名菜扬名。相传，铁板烧是由一代天骄成吉思汗首创的。据传，成吉思汗年轻时非常喜爱骑马射猎。在一次野外围猎宿营时，看见士兵们架在篝火上面的肉被熏烧得焦黑，味道大变。

金华火腿是浙江金华风味食品。金华火腿皮色黄亮、形似琵琶、肉色红润、香气浓郁，在国际上享有盛誉，是金华人民勤劳与智慧的结晶。

他灵机一动，取下一个士兵的铁盔放到篝火上，拔出腰刀，把切好的羊肉片贴上去……从此，外焦里嫩、酥软飘香的铁板烧诞生了。因制作方法简单而又美味，声名远扬。

徽菜虎皮毛豆腐的创始者是大名鼎鼎的明太祖朱元璋。一次，朱元璋兵败徽州，逃至休宁一带，腹中饥饿难熬，命随从四处寻找食物。一个随从从草堆中搜寻出逃难百姓藏在此处的几块豆腐，但已发酵长毛了。但又没有别的东西可以果腹，随从只得将此豆腐放在炭火上烤熟给朱元璋吃。不料烤熟的毛豆腐味道十分鲜美，朱元璋吃了非常高兴。军队转败为胜后，朱元璋立刻下令命随军厨师制作毛豆腐，犒赏三军，于是美味而奇特的虎皮毛豆腐就在徽州流传下来了。

清代的乾隆皇帝可谓吃尽了天下美味，诸多名菜都与他相关。"天下第一菜"——虾仁锅巴就是乾隆皇帝亲命的菜名。相传，乾隆皇帝曾在苏锡某地的一家小饭店用膳。店家将虾仁、熟鸡丝、鸡汤熬成的浓汁浇在炸酥的锅巴上，发出吱吱的响声，阵阵香味扑鼻而来。乾隆品尝之后，赞不绝口，当即赐名"天下第一菜"。另外，"松鼠鳜鱼""清蒸白鱼"等名菜也因乾隆皇帝而名扬四海。

著名的"金华火腿"则是宋代名将宗泽发明的。宗泽是主战派，因打仗连连得胜，百姓抬着肥猪慰问，一时间猪肉多得吃不了，宗泽就命人将猪腿割下，腌制起来。由于腌制的猪腿又湿又重，行军携带不便，所以常常把它们匆匆晒上几天，挂在风中晾干，日子一久，腿肉红得如火，大家都叫它"火腿"。

南宋末年，丞相文天祥率兵在江西击败元军，收复了许多失地。一天，他领兵路过家乡吉安，为感谢乡亲们支持他的抗元斗争，就在家中设宴，并亲自下厨烹饪。其中有道菜备受称赞，主要用料是猪里脊肉，配以冬笋、鸡蛋、干辣椒和鲜葱等，由于文天祥号文山，大家就称这道菜为"文山肉丁"。

另外，隋炀帝与蟹粉狮子头、宋太祖赵匡胤与牛羊肉泡馍、李鸿章与李鸿章杂烩、林则徐与太极芋泥等均是名人名菜相映成趣。

"西施舌"是杭州名点，是由一种叫"沙蛤"的海产壳类做成的。因为贝壳被打开时，吐出的白肉像一条小舌头，被人誉为"西施舌"，皎洁清香甜润可口。出生在楚地的王昭君出塞后吃不惯面食，于是厨师就将粉条和油面筋泡合在一起，用鸭汤煮，昭君十分爱吃，后来人们便用粉条、面筋与肥鸭烹调成菜，称之为"昭君鸭"，一直流传至今。"贵妃鸡"是上海名厨独创的一道川菜肴，它是用肥嫩的母鸡作为主料，用葡萄酒作调料，成菜后酒香浓郁美味醉人，托杨玉环之名为"贵妃鸡"。

中国的许多风味小吃也多与名人有关。比如吃"年糕"就是为了纪念伍子胥，吃粽子纪念屈原，秦桧与"油炸鬼"，吃腊八粥纪念佛祖释迦牟尼，吃馄饨纪念盘古等。

名人与名菜，菜以人传，人因菜扬。这不仅仅是中华饮食文化中的佳话美谈，更体现出了中国饮食文化的博大精深。

庖丁解牛，各有千秋

——历代名厨趣事

中国饮食文化历史悠久，源远流长，上下五千年名厨辈出，各领风骚，无数色香味俱全的中华名肴在这些名厨的巧手雕琢之下享誉至今。自古至今，中国人都对"吃"投入了无限的热情。古人云："自古有君必有臣，犹之有饮食之人必有庖人也。"

夏朝的国君少康可称得上是一位名厨。他因父亲夏相被叛臣寒浞所杀，投奔到有虞氏当"庖正"，即厨师长，后来复国成为夏朝第六代君主。据说，少康就是传说中的杜康，是酒的创始人。商朝最著名的宰相伊尹也是一位名厨，因为善于制作雁羹和鱼酱，被后世推为"烹调之圣"。可以说，伊尹是把最伟大的统治哲学与美味佳肴联系起来的第一人。他认为，凡当政的人，要像厨师调味一样，懂得如何调好甜、酸、苦、辣、咸五种味道来适应不同食客的不同胃口，而作为一个国君，更要体察民情，洞悉民愿，满足人们对人君的要求。无怪乎著名学者钱锺书先生评价他说："伊尹是中国第一个哲学家厨师，在他眼里，整个人世间好比是做菜的厨房。"

明时，武宗朱厚照驾崩，世宗朱厚熜奉遗诏从湖北钟祥进京即位。临行宴上，一名詹氏老厨特创一款"蟠龙菜"为其饯行。詹厨师后被选为宫中御厨，"蟠龙菜"也成了明代宫廷佳馔，至今仍为湖北名菜。明代诗人樊国楷有诗赞曰："山珍海味不须供，富水春香酒味浓。满座宾客呼上菜，装成卷切号蟠龙。"

清初名厨更多。著名的美食家袁枚有《随园食单》一书传世，后世颇为推崇。而他为其家厨王小余写下的情深意长的《厨者王小余传》更是值得称赞，因为这是古代留下的唯一的厨师传记。江南名厨王小余，曾在袁枚家中掌厨近十年。他选料"必亲市场"，掌火时"雀立不转目"，调味"未尝见染指之试"，主客品尝他烹制的菜肴，竟然"欲吞其器"，可见味道是如何鲜美。王小余关于烹饪有着独到的见解，他很注重用水和火候，他说："做厨如做医，吾以一心诊百物之宜，而谨审其水火之齐，则万口之甘如一口。"他还非常看重调和五味，"味固不在大小华啬间也。能，则一芹一菹皆珍怪；不能，则虽黄雀鲊三楹无益也"。王小余不仅厨艺精，而且厨德亦精，他曾说："吾苦思殚力以食人，一肴上，则吾之心腹肾肠亦与俱上"。如此的肺腑感言，可见王小余真是到了做厨师的最高境界，难怪袁枚会对其思念不已，"每食必为之泣"。

董小宛是明末清初的秦淮名妓，她不仅才貌出众，还是一位很有造诣的江南名厨。清初才子冒襄在书中记录了董小宛的高超厨艺，"火肉久者无油者，有松柏之味；风鱼久者如火肉，有麂鹿之味。醉蛤如桃花，醉鲟骨如白玉，油鲳如鲟鱼，虾松如龙须，烘兔酥雉如饼饵，可以笼而食之。菌脯如鸡埈，腐汤如牛乳……"董小宛所做菜品有如人品，其色、香、味无不精到而耐人寻味。除烧得一手好菜外，董小宛还会制作桃膏、瓜膏、花露，会腌咸菜、做腐乳和各种糖果糕点，如今仍享有盛名的扬州名点灌香董糖、卷酥董糖据说就为董小宛当年所创。

中国历代名厨

夏朝国君杜康，商朝伊尹，晋朝的愍怀太子，五代梵正，唐代段文昌、谢讽、膳祖、张手美、刘娘子、王立、宋五嫂、清代的董小宛、董桃媚、萧美人、陶方伯夫人、余媚娘、朱二嫂、陈麻婆、曾懿、江郑堂、施胖子、文思和尚、小山和尚、高贵友、郑春发、米阿二、张炳、肖代、曾永海、余四方、詹阿定、王玉山、周进臣、刘桂祥、关正兴、黄晋龄、梁贤、孙春阳、刘海泉、赵润斋

品味古老的饮食文化

——餐饮老字号

中国是一个文明古国,有着悠久的历史和灿烂的文化,几千年的社会发展孕育了很多特色浓郁的老字号企业,其中,就包括不少餐饮老字号。在餐饮业异常发达的现代社会,老字号企业受到了人们的特别青睐。老字号不仅是质量和信誉的保证,更承载了古老的饮食文化。走进老字号,不仅是在品尝它的特色美食,更是在品味它的文化内涵。既有美食,又有文化,这是餐饮老字号的独特魅力,也是其长盛不衰的主要原因。

老字号的经营模式大多是父业子承的传统模式,这种以血缘关系为核心的家族式企业,是中国封建社会所特有的,带有浓郁的中国特色。老字号一般都有自己的

中华老字号东来顺饭庄

"独门秘方",这种秘方只传给长子长孙,不传给外人。因此,老字号的经济管理大权多掌握在长子长孙手中,这种经营模式有它突出的优点,但也存在着尖锐的矛盾。家族式企业对家族子孙的要求比较严格,家风良好,这是老字号企业得以长足发展的重要原因。

在每一个老字号背后,都有许多动人的故事,每一个老字号都是一道商业景观。不仅如此,每个老字号还代表着一种传统文化现象,是一道文化景观。人们常说"不到长城非好汉,不吃烤鸭真遗憾",就是将烤鸭视为了北京的象征。在北京民间流行的一些歇后语,也生动地描述了老字号的特色。比如说东来顺的涮羊肉——真叫嫩,六必居的抹布——酸甜苦辣都尝过,砂锅居的买卖——过午不候等。

全聚德始创于清同治年间,其创始人为杨全仁。杨全仁本是河北人,初到北京的时候在前门做生鸡鸭买卖,因为精通贩鸭之道,因此买卖也越做越红火。几年下来,攒了不少钱。在杨全仁每天往返的途中,都要经过一家叫作"德聚全"的干果铺,铺子的位置非常醒目,杨全仁早就看上了这个地方,只可惜时机还不成熟。后

中华老字号全聚德

来，这家干果铺的生意越来越差，到同治三年（1864年）的时候，已经濒临倒闭。杨全仁就趁这个机会，用自己多年的积蓄买下了"德聚全"的店铺。

为了给店铺起一个响亮的名字，杨全仁特意请来了一位风水先生。风水先生围着店铺转了两圈，告诉杨全仁这是一块风水宝地，店铺两旁有两条小胡同如两根轿杆儿，将来在此地盖起一座楼房，那就有如八抬大轿，前途无量，只是以前的店铺晦运难除，除非将其字号倒过来，方可扭转运势，踏上坦途。杨全仁想了想，将"德聚全"倒过来是"全聚德"，自己的名字中有"全"，而"聚德"又有聚拢德行之意，确是个好名字。于是，他便请了个秀才书写"全聚德"三个大字，并制成金字牌匾挂起来，立刻为小店增色不少。

杨全仁懂得经营饭馆不能徒有虚表，必须要用好厨师、好堂头和好掌柜才行。于是，他经常到各种烤鸭铺转悠，探寻烤鸭的秘密，拜访烤鸭的高手。当时，有一位专为宫廷御膳做挂炉烤鸭的孙师傅，烤鸭技术十分了得。杨全仁得知后，就想尽办法与孙师傅交朋友，喝酒下棋。后来，这位孙师傅终于被杨全仁的真诚打动了，来到全聚德制作烤鸭。因为孙师傅的到来，全聚德的烤鸭技术有了很大的提高，并为全聚德烤鸭赢得了"京师美馔，莫妙于鸭"的美誉。如今，全聚德烤鸭更是名扬四海，受到了海内外的一致好评。

砂锅居始创于清乾隆年间，据说是当时王府里的更夫创建的。砂锅居的原址在西单缸瓦市定王府更房临街处，当时的清宫和各王府都有祭祖制度，祭品多是上等的全猪制成的，而定王府祭祖用过的猪肉一般都会赏给更房里的更夫食用，更夫们常拿这些猪肉到府外换钱。后来，更夫们干脆与御膳房的厨师合作，在缸瓦市定王府更房的墙外正式开了一家店，专门经营砂锅煮白肉，并取名和顺居，但人们还是习惯称其为砂锅居，久而久之，砂锅居便成为店名了。

砂锅居刚开业的时候，只有少数官员前来品尝，后来客人越来越多，生意越做越好，一头猪不到中午就卖完了。卖完之后，当天就不再营业了，食客只能等到第二天再来。在嘉庆年间，就有"缸瓦市中吃白肉，日头才出已去吃"的说法，可见当时的砂锅居已经十分火爆了。当初的砂锅居都是用大砂锅煮肉，现在则换成了一口口小砂锅。现在的砂锅居仍然以砂锅白肉最为出名，但也同时兼营其他的菜品，而且是全天营业，不再有"过午不候"的规矩了。

天福号始创于清乾隆三年（1738年），是山东人刘凤翔和一个山西客商合伙创建的。据说天福号刚开的时候，仅仅是一家普通的酱肉铺，无名无号，生意也不景气。没过多久，山西客商就撤股了，只剩下刘凤翔独撑门面。一天，刘凤翔到市场进货，在旧货摊看到一块旧匾，上面书写着"天福号"三个字，字写得很漂亮，刘凤翔一眼就看中了，且认为有"上天赐福"之意，于是决定买下来。回到家中，刘凤翔将旧匾重新粉饰了一番，将其挂在门楣上，用作招牌，结果吸引了很多文人墨客前来欣赏，而小店的生意从此也越来越好。

天福号的酱肉和酱肘子一般都是夜间制作，白天出售。一次，刘凤翔的后人刘抵明在看守炉灶的时候睡着了，肘子煮过了火，可没想到这样做出来的肘子味道更好。这让刘抵明大为惊喜，于是，他就在这锅肘子的基础上认真研究，总结出了一套更为精良的制作方法。在刘家后人的努力下，天福号的酱肘子越来越可口美味，名气也越来越大。慈禧在品尝过天福号的酱肘子之后，连声称好，并赐给天福号一块进宫的腰牌，每天都要将定量的肘子送入宫中。从此，天福号的酱肘子便成了清朝的贡品。直到现在，天福号酱肘子的销售仍然十分火爆，每逢节日都要提前预定。

一条龙始创于清乾隆五十年（1785年），其创始人为山东禹城一位韩姓人士。当时北京的羊肉铺绝大多数都是由山东人经营的，这位韩姓人士最初来到北京的时候，就是在一家羊肉铺当学徒。这家羊肉铺不仅卖生羊肉，而且也制作烧羊肉、酱牛肉、白羊头肉等熟食，还烙芝麻烧饼。韩某聪明好学，很快就掌握了各种食品的制作技术。学成之后，他开始寻觅店铺，后来选了一间在东四牌楼南面的店铺，他希望自己的生意能够永远兴隆，事事顺心，于是就为店铺取名南恒顺。

南恒顺的生意很好，到韩家第六代韩同利的时候，已经盖起了一间门脸的筒子房，并开始经营涮羊肉、炒菜、抻面等多个品种。南恒顺的涮羊肉和芝麻烧饼都非常有名，这与其严格的选料和独特的制作工艺是分不开的。相传光绪皇帝曾经在南恒顺吃过饭，从此，南恒顺便改名为一条龙，而且南恒顺的生意也因此更加火爆。南恒顺曾经先后遭遇了两次火灾，连光绪皇帝曾经坐过的龙椅也被烧掉了。不过这并没有影响它的兴旺，如今，在重新修缮过的前门大街上，一条龙的门前仍然门庭若市。

老字号的文化底蕴是无可厚非的，每个老字号都有它的独特内涵，但老字号要在现代社会立足，就必须跟得上时代的发展，不断创新，这样才能让古老的老字号在现代社会散发出独特的魅力。包括上面介绍的几个在内的一些老字号正是因为适应了时代的发展，所以才能够久盛不衰。

内涵丰富，美食之源

——菜单源流

菜单，《中国烹饪词典》解释为菜谱，又叫食单、席单，是饮食文化最直观的文字记录。菜单，顾名思义就是酒楼菜馆为了方便食客用餐而印制的菜肴目录。这些菜单既是筵宴列出的供厨师制作佳肴的依据，同时也向食客们对店内提供的全部美味的品种和价格做了大致的介绍。事实上，菜单并非如此简单。菜单在中国古代即已有之，一张张典雅讲究、内涵丰富的菜单是一种深邃的饮食文化，带人进入美食之源。

西方人以出自公元9世纪的《烹饪津梁》为最早的菜单，然而，真正将菜单作为一种文化且在文学作品中恣肆张扬铺陈的，当首推中国人。战国时期楚国的诗人屈原在《楚辞·招魂》篇中为我们记载了中国宴会的第一份菜单。菜单中记录了大量楚国国王的饮食，有"胹鳖炮羔，有柘浆些。鹄酸臇凫，煎鸿鸧些。露鸡臛蠵，厉而不爽些……"。中国有关饮食的记载浩如烟海，然而作为一份能反映筵席整体风貌的菜单，这篇《楚辞·招魂》应为最早。这份战国菜单中有稻粱、稌麦、黄粱等主食，有挫糟冻饮的冷饮，有蜜、大苦、咸、辛、柘浆等调味品，有肥牛之腱、胹鳖、炮羔、鹄酸、臇凫、煎鸿鸧、露鸡臛蠵等美味菜式，真是珍馐佳馔，应有尽有。菜单中还充分体现了当时高超的烹饪技艺，如煨、红烧、烧烤、醋烹、水煮、油煎等。

《楚辞·招魂》以后，汉长沙马王堆轪侯墓的竹简菜单记有食品100多种；隋朝的尚食值长谢讽《食经》中记名馔53种；唐代韦巨源所著《烧尾食单》中记菜点58种，宋代周密记张俊供奉宋高宗赵构的"御宴"馔肴250种，《粤菜存真》记录清代"满汉全席膳单"有各色肴点共100多种……

中国古代还有几份菜单值得一提。西汉才子枚乘曾赋《七发》，其中一大段为一份出色的美宴菜单，小牛肥肉、狗肉和羹、烧煮熊掌、兽脊烧烤、鲤鱼脍片、野鸡豹胎……生猛海鲜、九酝八珍都能这在份菜单上找到最初的踪迹。在欣赏赋文遗韵的同时,还能品味千年之古的美味。宋代著名诗人陆游在《老学庵笔记》中曾经记载过宋朝宫廷宴请金国使者的国宴菜单。此单包括:肉咸豉、爆肉双下角子、莲花肉、油饼骨头、白肉胡饼、群仙肉、太平毕罗、假黄鱼、奈花素粉、假沙鱼、水饭、咸豉、旋钱鲊、瓜姜。另外,主食还有枣子髓饼、白胡饼和环饼等。这份菜单是宴请金人的特色菜单,大有几分"胡味"。

清代著名文学家袁枚不但是美食家,而且还是菜单收藏爱好者,他收藏的菜单有数百种之多,后来收入他的《随园食单》一书中,为烹饪界所珍爱。《随园食单》主要分为须知单、戒单、江鲜单等14个方面,其中大到山珍海味,小至一饭一粥,味兼南北,无所不包。行文简明扼要,通俗易懂,既具操作性,也有评议阐述,是一部理论性、实用性很强的饮食菜单。《随园食单》名闻天下,被誉为中国古代菜单之最。

袁枚画像

近代也不乏知名的名家菜单,张大千大风堂酒席的菜单由大千先生亲自书写,书法遒劲古朴流畅。该菜单在写法上也不同于其他的菜单,不光写上每一道菜,还详详细细注明选什么料,用量多少,什么方法烹制,属于什么味型,以及上桌的程序等等。张大千的挚友张学良将军收藏张大千的菜单最多,并装订成册请大师题名留念。张大千画了白菜、萝卜和菠菜,题名"吉光兼美",并题诗云:"萝菔生儿芥有孙,老夫久已戒腥荤。脏神安坐清虚府,那许羊来踏菜园。"

菜单曾是帝王豪门的专宠。清朝乾隆皇帝的早膳菜单,菜品共有53种,晚餐食谱,菜品也有75种,更别提正式的大宴了。末代皇帝溥仪的晚餐菜单内容即包括炒三冬、炒黄瓜酱、大豆芽炒各达英、鸭条烩海参、葛仁烩豆腐、烩酸菜粉、红烧鱼翅、锅烧茄子、红烧桂鱼、热汤面黄焖鸡、熏肝、清汤银耳、木樨汤、羊肉汤白菜、酱肘子、摊鸭子……

现在的菜单融入了许多文化因素，内容丰富，设计精美，寓知识性、趣味性为一体，饭店轶事、名人掌故、诗词曲赋纷呈，图文并茂，交相争妍，令人赏心悦目。北京"大观楼酒家"的菜单是对折回页，里边还有"红楼宴"的简介。杭州"太子楼酒家"菜单上有广告语、菜肴名称、原料加工方法及其特点，并恰如其分地配上一些有趣的漫画……精美而又有特点的菜单不仅仅是美食之源，还逐渐成为收藏者喜欢的藏品之一。

一份美妙的菜单的作用不亚于真正的美味佳肴。各种色香味形俱佳的珍馐佳馔，在精美的菜单的辉映下则更加吊人胃口，勾人食欲。

食出有典

——中国传统美食典故

中国是一个美食的王国，各种各样的特色美食让人眼花缭乱，目不暇接。在各种美食中，传统美食一直是备受人们青睐的对象。然而大多数人都只知道传统美食的美味，却不知在每种传统美食的背后，都有很多动人的故事，关于这些食物的由来，也有很多美妙的传说。

馒头的由来据说与诸葛亮有关。大家都知道诸葛亮七擒七纵孟获的故事，馒头就是在诸葛亮征讨孟获归来的路途中产生的。在《三国演义》第九十一回中，描写了当时的情景。诸葛亮带兵走到泸水的时候，遇到狂风巨浪，士兵无法过河，于是回头报告诸葛亮。诸葛亮就向身边熟悉当地情况的孟获询问，孟获说："泸水源猖神为祸，国人用七七四十九颗人头并黑牛白羊祭之，自然浪平静境内丰熟。"诸葛亮则说道："我今班师，安可妄杀？吾自有见。"

诸葛亮想出了什么办法呢？他用面粉捏成人头的模样，然后蒸熟去祭祀河神。祭祀过后，果然风平浪静，大队人马顺利渡过。从此，这种面食就流传下来了，但将其称为"蛮头"太吓人，难免会让人大倒胃口，于是就用"馒"代替了"蛮"，改为"馒头"了。《三国演义》并非正史，这段故事在正史中也没有记载，但在一些笔记中可以找到相关的内容。宋朝的《事物纪原》中有这样的记载："盖蛮地人头祭神，武侯以面为人头以祭，谓之蛮头。今讹而为馒头也。"明代的《七修类稿》中也有类似的记载："馒头本名蛮头，蛮地以人头祭神，诸葛之征孟获，命以面包肉为人头以祭，谓之'蛮头'，今讹而为馒头也。"

水晶饼的由来与宋代名相寇准有关。相传有一年寇准从京都汴梁回到老家渭南乡下探亲，正好赶上自己的五十大寿。寇准向来为官清廉，办事公正，人们都很爱戴他。乡亲们得知寇准回到家中，且又恰逢其五十大寿，就纷纷送来寿桃、寿面和寿幛以示庆祝，寇准则摆上寿宴，迎接众乡亲。酒过三巡，忽然有下人捧着一个精致的盒子来见寇准，寇准打开一看，原来里面是五十个晶莹剔透如水晶石般的点心，在点心上面，还放着一张红纸，红纸上有诗云："公有水晶目，又有水晶心，能辨忠与奸，清白不染尘。"落款是渭北老叟。后来，寇准的家厨也仿制出了这种点心。因为状如水晶，寇准便给它取了一个动听的名字"水晶饼"。

关于老婆饼的由来，有两种不同的说法。其一是说老婆饼由一位失去老婆的男人所创。相传在很久以前，有一对贫贱夫妻，尽管生活窘迫，但两个人却十分恩爱。生活原本是幸福的，但不想公公突患重病，妻子为了给公公治病，甘愿卖身筹钱。眼见心爱的人受苦，男人既痛心又自责，不过他并没有因此气馁，而是决心要努力赚钱，赎回妻子。经过反复研究和琢磨，他终于研制出了一种风味独特的饼，并以其卖钱赎回了妻子，一家人重新又过上了幸福的生活，而这种风味独特的饼也就被命名为"老婆饼"。

另一种传说与前者大相径庭。相传在清朝末年，有一家老字号茶楼，名为莲香楼，以经营各种点心驰名。当时，莲香楼有一位潮州籍的厨师。一年，他回家的时候带了各种莲香楼的点心给家里人吃，本以为家人会大加赞赏一番，可没想到他的妻子却说："你们莲香楼的点心还比不上我娘家炸的冬瓜角呢！"这位师傅听了自然很不高兴，于是就让妻子做冬瓜角给他吃。在品尝了妻子做的冬瓜角后，他终于心服口服了，连称好吃。回到广州，他将冬瓜角拿给茶楼的师傅们吃，大家都交口称赞，茶楼老板品尝后更是赞不绝口，就问这是谁家的点心，大家都说是潮州老婆做的，老板随口将其说成潮州老婆饼，并开始在茶楼经营，结果大受好评。"老婆饼"从此便传开了。

萨其马是满族的特色点心，其由来与一位姓萨的满族将军有关。相传这位姓萨

七擒孟获图
传说诸葛亮在征讨孟获的途中，发明了馒头。

的将军喜欢骑马打猎，并喜欢在打完猎后吃一点儿点心，且点心的样式不能重复。一次，将军又要出门打猎，临行前交代厨子做点新鲜的，要是做不出来，就拿他是问。厨子一听慌了神，把沾上蛋液的点心给炸碎了。这时，将军来催要点心，厨子大骂一句："杀那个骑马的！"随后将点心端出，本以为自己性命难保，可没想到将军非常满意，连称好吃。将军问厨子点心叫什么名字，厨子慌乱间答了一句"杀骑马"，结果被将军听成了"萨其马"。从那以后，萨其马便流行开来了。

冰糖的来历与一位叫做扶桑的姑娘有关。相传在清代康熙年间，有一位叫做扶桑的姑娘，在四川内江一个大糖坊做丫鬟。这家塘坊的坊主名为张亚先，平时对家中的下人要求很严格，尤其不许下人们偷喝糖浆。一天，扶桑趁张亚先不在，正准备偷喝一碗糖浆，没想到张亚先却向这边走来了。匆忙之中，她将糖浆倒进了猪油罐，并将其藏进了柴堆里，又在上面放了一些谷糠掩盖住。过了几天，扶桑忽然想起了自己藏起来的猪油罐，于是就来到柴房取。当她取出猪油罐的时候，发现罐里长了很多水晶般的东西，其味道比白糖还要好。扶桑将这件事告诉了左邻右舍，人们如法炮制，都制出了这种味道更胜一筹的糖。因为制出来的糖形似冰，人们就将其称为冰糖。

名家论吃

"涮庐"闲话
——陈建功

我喜欢"大碗筛酒,大块吃肉"的那句话。当然,如果把"大块"改成"大筷",则更适合于我,因为我喜欢"涮"。

写小说的人和写诗的人大概确有别材别趣,对屈原老先生"朝饮木兰之坠露""夕餐秋菊之落英"的境界,一直不敢领教。即便东坡先生那句"宁可食无肉,不可居无竹"吧,似乎也不太喜欢,总觉着有点"宁长社会主义的草,不要资本主义的苗"的味道,尽管我对先生向来尊崇备至。我猜东坡先生其实也并不是真的这么绝对,而是"两个文明一起抓"的,所以才有"东坡肘子""东坡肉"与"大江东去"一道风流千古。跟先贤们较这个"真儿",实在是太重要了,不然吃起肉来,名不正、言不顺。而我,尤其是"不可一日无肉"的。妻子曾戏我:一日无肉问题多,两日无肉走下坡,三日无肉没法儿活。答曰:知我者妻也。为这"理解万岁"白头偕老,当坚如磐石。

爱吃肉,尤爱吃"涮羊肉"。有批评家何君早已撰文透露,经常光顾舍下的老涮客们称我处为"南来顺",当然是玩笑。京华首膳,"涮羊肉"最着名的馆子,当推"东来顺"。"东来顺"似乎由一丁姓回民创建于清末。百十年来以选料精,刀工细,作料全面蜚声中外。据说旧时东来顺只选口外羊进京,进京后还不立时宰杀,而是要入自家羊圈,饲以精料,使之膘足肉厚,才有资格为东来顺献身。上席之肉,还要筛选,唯大、小三叉、上脑、黄瓜条等部位而已。刀工之讲究就更不用说了。记得刘中秋先生曾撰文回忆,三四十年代,常有一老师傅立之东来顺门外,操刀切肉。桃李不言,下自成蹊。过往人等看那被切得薄如纸片、鲜嫩无比的羊肉片,谁人不想一涮为快?如今的东来顺已经不复保留此种节目,不过老字号的威名、手艺仍然代代相传。我家住在城南,朋友往来,每以"涮"待之,因得"南来顺"谑称。手艺如何,再说,涮之不断,人人皆知,由此玩笑,可见一斑。

我之爱"涮",还有以下事实可为佐证:

第一,家中常备紫铜火锅者三。大者,八九宾客共涮;中者,和妻子、女儿三人涮;小者,一杯一箸独涮。既然有买三只火锅的实践,"火锅经"便略知一二。涮羊肉的火锅,务必保证炉膛大、炉篦宽,才能使沸水翻滚,这是人所共知的。但挑选者往往顾此失彼,注意了实用,忽略了审美。其实,好的火锅,还应注意造型的典雅:线条流畅而圆润,工艺精致而仪态古拙。当然,还不应忽视配上一个紫铜托盘,就像一件珍贵的古瓶,不可忽视紫檀木的瓶座一样。西人进食,讲究情致;烛光、音乐,直到盛鸡尾酒的每一只酒杯。中国人又何尝不如此?盨、簋以装饭,豆、笾以盛菜,造型何其精美。我想这一定是祖先们的饮食与祭礼不可分割,便又一次"两个文明一起抓"的结果。继承这一传统,我习惯于在点燃了火锅的底火之后,锅中水将开未滚之时,把火锅端上桌。欣赏它红光流溢,炭星飞迸,水雾升腾,亦为一景。我想,大概是这一套连说带练的"火锅经"唬住了朋友们,便招来不少神圣的使命:剧作家刘树纲家的火锅,即由我代买;批评家何志云、张兴劲去买火锅,曾找我咨询;美国的法学博士,《中国当代小说选》的译者戴静女士携回美国,引得老外们啧啧羡叹的那只火锅,也是由我代为精心选购的。我家距景泰蓝厂仅一箭之遥,该厂虽不是专产火锅的厂家,却因为有生产工艺品的造型眼光,又有生产铜胎的经验,在我看来,作为他们副产品的紫铜火锅,仍远超他家之上。散步时便踱入其门市部,去完成那神圣的使命。想到同嗜者日多,开心乐意。特别是那些操吴侬软语的江南朋友们,初到我家,谈"涮"色变,经我一通"大碗筛酒,大'箸'吃肉"的培训之后,纷纷携火锅和作料南下,不复"杨柳岸晓风残月",而是一番"大江东去浪淘尽,千古风流人物"气概,真让人觉得痛快!

第二,我家中专置一刀,长近二尺,犀利无比,乃购自花市王麻子刀剪老铺,为切羊肉片而备也,当今北京,店铺街集,卖羊肉片者触目皆是,我独不用之。卫生上的考虑是个原因,更主要的原因是:嫌其肉质未必鲜嫩,筋头未必剔除,刀工更未必如我。我进城一般路过虹桥自由市场,每每携一二绵羊后腿归。休息时剔筋去膜，置之冰室待用。用时取出，钉于一专备案板上，操王麻子老刀，一试锋芒。一刻钟后，肉片如刨花卷曲于案上，持刀四顾，踌躇满志，不敢比之东来顺师傅，但至少不让街市小贩。曾笑与妻曰：待卖文不足以养家时，有此薄技，衣食不愁矣！有作家母国政前来作客，亦"涮"家也，因将老刀示之，国政笑问吾妻：我观此刀，森森然头皮发紧。你与此公朝夕相处，不知有感否？吾妻笑答曰：如履薄冰，战战兢兢。不知无可切时，是否会以我代之。

第三，我涮肉的作料，必自备之。如今市面上为方便消费者，常有成袋配好的作料出售。出于好奇，我曾一试，总觉水准差之太远。我想大概是成本上的考虑，韭菜花、酱豆腐者，多多益善，芝麻酱则惜之若金，此等作料，不过韭菜花水儿或酱豆腐汤儿而已，焉有可口之理？每念及此，常愤愤然，糟蹋了厂家声誉事小，糟蹋了"涮羊肉"事大。因此，我是绝不再问津的。我自己调作料，虽然也不外乎老一套：韭菜花、酱豆腐、芝麻酱、虾油、料酒、辣椒油、味精等等，然调配得当，全靠经验，自认为还算五味俱全，咸淡相宜，每次调制，皆以大盆为之，调好后盛入瓶中，置之冰箱内，用时不过举手之劳。

第四，北京人吃"涮羊肉"，"大约在冬季"。独我馋不择时。北京人在什么季节吃什么，甚至什么日子吃什么，过去是颇讲究的。涮羊肉至少是八月十五吃过螃蟹以后的事。要说高潮，得到冬至。冬至一到，否极泰来，旧京人家开始画消寒图：或勾八十一瓣的梅花枝，或描"亭前垂柳珍重待春风"，一日一笔，八十一笔描完，便是买水萝卜"咬青"，上"河边看杨柳"的日子了。与这雅趣相辉映的，便是"涮"。冬至中午吃馄饨，晚饭的节目，便是"涮羊肉"了，一九一涮，二九一涮，依次下来，九九第一天涮后，还要在九九末一天再涮一次，成了个名副其实的"十全大涮"。当然高贵人家的花样会更多些，譬如，金寄水先生回忆睿亲王府的"十全大涮"时，便举出有"山鸡锅""白肉锅"、"银鱼紫蟹蛳蝗火锅"、"麐、鹿、黄羊、野味锅"，等等。不过打头儿的还是"涮羊肉"。我观今日老北京人家，此风犹存。当然不至于如此排场。想排场，又到哪里去弄山鸡紫蟹、麐鹿黄羊？使"吃"成为一种仪式，是十分有趣的文化现象，除了读过张光直先生在《中国青铜时代》一书中的一篇文章以外，尚不知有谁作过研究，我相信这一定会引起文化人类学爱好者们的兴趣，自然我也是其中一个。不过，真的让我照此实践，待到冬至才开"涮"，又如何打熬得住？我是广西人，南蛮也，只知北京涮羊肉好吃，论习惯该何时开涮，是北京人的事，我辈大可自作主张。反正家中有火锅、大刀、作料、羊腿侍候，"管他春夏与秋冬"！前年有一南方籍友人赴美留学归来，上京时暂住我家。时值盛夏，赤日炎炎。问其想吃点什么，以便我尽地主之谊。答曰：在大洋彼岸朝思暮想者，北京"涮羊肉"也，惜不逢时。我笑道：你我二人，一人身后置一电扇，围炉而坐，涮它一场，岂不更妙？当其时也，当其时也。言罢便意气扬扬，切肉点火。

迷狂至此，不知京中有第二人否？

烧鸭
——梁实秋

北平烤鸭，名闻中外，在北平不叫烤鸭，叫烧鸭，或烧鸭子，在口语中加一子字。

《北平风俗杂咏》严辰《忆京都词》十一首，第五首云：

忆京都·填鸭冠寰中
　　烂煮登盘肥且美，
　　加之炮烙制尤工。
　　此间亦有呼名鸭，
　　骨瘦如柴空打杀。

严辰是浙人，对于北平填鸭之倾倒，可谓情见乎词。

北平苦旱，不是产鸭盛地，惟近在咫尺之通州得运河之便，渠塘交错，特宜畜鸭。佳种皆纯白，野鸭花鸭则非上选。鸭自通州运到北平，仍需施以填肥手续。以高粱及其他饲料揉搓成圆条状，较一般香肠热狗为粗，长约四寸许。通州的鸭子师傅抓过一只鸭来，夹在两条腿间，使不得动，用手掰开鸭嘴。以粗长的一根根的食料蘸着水硬行塞入。鸭子要叫都叫不出声，只有眨巴眼的分儿。塞进口中之后，用手紧紧的往下捋鸭的脖子，硬把那一根根的东西挤送到鸭的胃里。填进几个之后，眼看着再填就要撑破肚皮，这才松手，把鸭关进一间不见天日的小棚子里。几十百只鸭关在一起，像沙丁鱼，绝无活动余地，只是尽量给予水喝。这样关了若干天，天天扯出来填，非肥不可，故名填鸭。一来鸭子品种好，二来师傅手艺高，所以填鸭为北平所独有。抗战时期在后方有一家餐馆试行填鸭，三分之一死去，没死的虽非骨瘦如柴，也并不很肥，这是我亲眼看到的。鸭一定要肥，肥才嫩。

北平烧鸭,除了专门卖鸭的餐馆如全聚德之外,是由便宜坊(即酱肘子铺)发售的。在馆子里亦可吃烤鸭,例如在福全馆宴客,就可以叫右边邻近的一家便宜坊送了过来。自从宜外的老便宜坊关张以后,要以东城的金鱼胡同口的宝华春为后起之秀,楼下门市,楼上小楼一角最是吃烧鸭的好地方。在家里打一个电话,宝华春就会派一个小利巴,用保温的铅铁桶送来一只才出炉的烧鸭,油淋淋的,烫手热的。附带着他还管代蒸荷叶饼葱酱之类。他在席旁小桌上当众片鸭,手艺不错,讲究片得薄,每一片有皮有油有肉,随后一盘瘦肉,最后是鸭头鸭尖,大功告成。主人高兴,赏钱两吊,小利巴欢天喜地称谢而去。

填鸭费工费料,后来一般餐馆几乎都卖烧鸭,叫做叉烧烤鸭,连焖炉的设备也省了,就地一堆炭火一根铁叉就能应市。同时用的是未经填肥的普通鸭子,吹凸了鸭皮晾干一烤,也能烤得焦黄迸脆。但是除了皮就是肉,没有黄油,味道当然差得多。有人到北平吃烤鸭,归来盛道其美,我问他好在哪里,他说:"有皮,有肉,没有油。"我告诉他:"你还没有吃过北平烤鸭。"

所谓一鸭三吃,那是广告噱头。在北平吃烧鸭,照例有一碗滴出来的油,有一副鸭架装。鸭油可以蒸蛋羹,鸭架装可以熬白菜,也可以煮汤打卤。馆子里的鸭架装熬白菜,可能是预先煮好的大锅菜,稀汤洮水,索然寡味。会吃的人要把整个的架装带回家里去煮。这一锅汤,若是加口蘑(不是冬菇,不是香蕈)打卤,卤上再加一勺炸花椒油,吃打卤面,其味之美无与伦比。

第七章 三餐之外的饕餮盛宴

天南地北，千滋百味

——中国小吃

在博大精深、悠远绵长的中国饮食文化长河里，小吃犹如一颗璀璨的明珠，经过千古的历练依然闪烁着其耀眼的光芒。

中国小吃多彩多姿，美味异常。北京的驴打滚、灌肠、爆肚、炒肝、豆汁儿，上海的南翔小笼包、城隍庙梨膏糖、奶油五香豆、五芳斋糕团，扬州的翡翠烧卖、五丁包子，成都的夫妻肺片、钟水饺、赖汤圆，广州的艇仔粥、云吞面、沙河粉……琳琅满目，多姿多彩，真让人垂涎欲滴。

所谓小吃，就是在正餐以外，用以消闲和点补的食品。中国小吃历史悠久，古时称为"小食"。中国晋代古籍《搜神记》载管辂谓赵颜曰："吾卯日小食时必至君家。"小食之时，也就是吃小吃的时候，大概在下午三四点钟。唐宋时期，中国的小吃已是非常成熟和繁荣了。古籍《酉阳杂俎》《东京梦华录》《武林旧事》中所列小吃名目已经不少。元明清三代，中国小吃见于记载的就更多了，以北京为例，《燕都小食品杂咏》《北平的巷头小吃》等都是记载北京传统风味小吃的专著。时至今日，全国各地的小吃不仅品种繁多，款式多样，滋味更是大胜从前，小吃筵席也屡见不鲜。

中国小吃多且各具特色。学者陈诏的"大凡北方的小吃，结实而味重；南方的点心，精致而旨甘"之说，道出了南北小吃的特点。另外，人们还将南北两大风味小吃具体地分成京式、苏式、广式三大特色。京式小吃泛指黄河以北的大部分地

区制作的小吃，包括山东、华北、东北等地，以北京为代表；苏式小吃是指长江中下游江浙一带制作的小吃，源于扬州、苏州，发展于江苏、上海，因以江苏省为代表，所以称为苏式小吃；广式小吃则是指中国珠江流域及南部沿海一带制作的小吃，以广东省为代表。

京式小吃以古都北京为中心，广收北方各地、各民族风味及宫廷小吃的优秀品种而形成，具有品种繁多、应时应节、口味浓重的特点。京式小吃中宫廷小吃有艾窝窝、豌豆黄、芸豆卷、肉末烧饼等，民间小吃则以大麻花、茶汤、豆汁儿、爆肚、炒肝、焦圈等最为著名。

苏式小吃源于天堂美誉的苏州和富甲天下的扬州。秀丽的美景、悠久的文化以及富足的南方鱼米之乡是苏式小吃得以形成和发展的重要条件。苏式小吃口味多样，品种繁多，制作精细，别有一番南国特色。因地区不同，苏式小吃又可分为苏扬风味、淮扬风味、宁沪风味和浙江风味。各色口味同中有异，均是南北咸宜的名特小吃。如淮扬汤包、花色酥点、藕粉圆子、淮安茶馓、翡翠烧卖等。

广式小吃源于民间，博采众长，特别是受西文饮食文化的影响颇深，具有中点西做的特色。广式小吃口味清淡，精工细做，种类繁多。有油器、糕品、粉面、粥品、甜品和杂食等多种类别。及第粥、萝卜糕、马蹄糕、糯米鸡、灌汤饺、云吞面、炒田螺等都是广式小吃的代表作品。

除了这三大小吃之外，西北的秦式、西南的川式也是驰名海内外的小吃。事实上，中华大地上，有着深厚的文化底韵和独特技艺的名小吃数不胜数，如山西的闻喜饼、安徽的大救驾、云南的过桥米线、新疆的羊肉串、甘肃的拉面、厦门的土笋冻……

中国小吃中还蕴含着无限的华夏文化。每一个品种的制作方式和食用方式都蕴含着深刻的哲理和中国人特有的审美意趣。喝上一碗甘爽怪味的豆汁儿，就会令那些老北京回想起从前那种悠闲生活；尝上一口鳝糊面，则好似置身于古朴典雅的苏州园林之中，耳边也似乎响起了莺声燕语的苏州评弹；吃上一个赖汤圆，就仿佛回到了天府之国，回到了天下幽、天下秀的青城和峨眉……

另外，中国小吃的来历也与文化息息相关。每一种小吃原本就是深蕴于某种历史背景下的重要文化成果。每一个品种的制作方式和食用方法，都蕴含着一定的哲理和审美情趣，反映了一定时期和地域的文化、民情和风俗习惯。可以说，研习小吃及其背后的故事，对于研习一个地区的风俗文化有着非常重要的意义。

全国各地著名小吃

北京：灌肠、爆肚、茶汤、豆汁儿、驴打滚、艾窝窝、油饼、豆浆、年糕、炸糕、豆腐脑、豌豆黄

河北：槐茂酱菜、藁城宫面、四条包子、回记绿豆糕

山东：福山拉面、银丝卷、长官包子、周村烧饼

天津：狗不理包子、桂发祥麻花、耳朵眼儿炸糕、煎饼果子

山西：平遥牛肉、太谷饼、刀削面、孟封饼

甘肃：兰州清汤牛肉面、空心果、酿皮子、拉条子

陕西：牛（羊）肉泡馍、凉皮、绿豆凉粉

新疆：烤羊肉串、烤馕、新疆凉面、手抓饭

上海：蟹壳黄、生煎馒头、城隍庙梨膏糖、南翔小笼、鸽蛋圆子、杏花楼月饼

浙江：宁波汤团、麻心元宵、清明艾饼、西湖桂花藕粉、桂花鲜栗羹、葱包烩

江苏：苏州糕团、文楼汤包、马蹄酥、扬州炒饭、三丁包子、蟹黄汤包、千层油糕、翡翠烧卖

安徽：安庆墨子酥、大救驾、胡玉美蚕豆酱、琅琊酥糖、盏儿糕

湖南：血丸子、干竹笋、干腊肉、武陵月饼、脑髓卷子、椒盐馓子

湖北：宜昌泡菜、石头饼、青椒拌皮蛋、白吉馍夹腊汁肉、冲浪鱼

河南：一品包子、合记烩面、豫兴桶子鸡、葛记焖饼、老蔡记蒸饺

四川：鹅掌包、赖汤圆、夫妻肺片、龙抄手、钟水饺、韩包子、蛋烘糕、灯影牛肉

贵州：贵阳肠旺面、遵义羊肉粉、一品大包、丝娃娃、怪噜饭

广西：桂林米粉、糊辣、桂北油茶、豆蓉糯饭、粉角丸、老友面

云南：过桥米线、云腿豆焖饭、蒸糕、烧饵块、丽江粑粑、昆明云腿月饼

西藏：酥油、糌粑、奶渣包子、油炸面果、人参果糕

福建：烧肉粽、炒面线、鱼丸汤、土笋冻、海蟹糯米粥、虾面

广东：艇仔粥、云吞面、沙河粉、马蹄糕、酥皮莲蓉包、娥姐粉果

江西：珍珠圆子、大回饼、洪都素烩、油炸小品、芝麻糖饼仔

海南：酥炸虾饼、海南粉、椰蓉糯米糕、空心煎堆、竹筒饭

香港：车仔面、鱼丸、鱼蛋粉、云吞面、烧鹅

澳门：白粥、皮蛋瘦肉粥、鸡仔饼、凤凰蛋卷、葡式蛋挞

台湾：蚵仔面线、炒花枝、菜脯蛋、鱼羹、卤肉饭、肉燥饭

新颖奇特，超乎想象

——中华怪吃

大千世界，无奇不有，生活中总有些事情是不可思议的，甚至可以说是耸人听闻的。以吃来说，广东人吃生猛海鲜就已经让很多北方人瞠目结舌了，可有些吃食和吃法比它还要另类。中国地大物博，食材丰富，因此出现各种奇怪的吃法也实属情理之中，谁能说大多数人没吃过的东西就不能做成美味呢？谁又能说自己了解食物的所有吃法呢？这里介绍几种富有特色的奇怪吃法，即使不能效仿，也可以开开眼界。

在闽西的山区，每到过年的时候，农民们都要杀猪。这并没有什么稀奇的，在东北的农村，也有过年杀猪的习惯，称作杀年猪。但闽西山区的农民对猪下水的处理却很特别，他们将大肠洗净沥干之后，切成片状，然后一片片地入油炸，炸好之后蘸着盐吃。吃法虽然简单，但却有个动听的名字，叫作"一片柔肠"。更新奇的是对肝和胆的处理：在将肝和胆洗净之后，放去半个胆的苦汁，让另一半苦汁渗入肝中，然后风干，美其名曰"肝胆相照"。吃的时候切成大片蒸熟，再切成小片，就可以直接食用了。

客家人擅长就地取材，制作咸菜、菜干等耐吃耐留的食物，其中以闽西八大干最为出名。所谓闽西八大干，即是指长汀豆腐干、连城地瓜干、武平猪胆干、明溪肉脯干、宁化老鼠干、上杭萝卜干、永定菜干和宁化辣椒干。在八大干中，宁化的老鼠干应该是最怪的吃食了。这里的老鼠干其实是田鼠干，据当地人说，田鼠干味美可口，营养丰富，而且还有补肾之功，历来就有"老鼠干猪肉价"的说法。每到冬季，人们便开始捕鼠，制作老鼠干。老鼠干可以烹成佳肴，为筵上名品，同时也是出口的佳品。

在陕西关中一带，流行一种叫作石子馍的风味食品。石子馍并不是用石子做成的馍，而是用石子烹制的馍。在面中加精盐、熟猪油、鲜花椒叶等揉匀成面团，然后擀成圆饼。选择栗子大小的鹅卵石放在平底锅中烧热，然后取出一半放入面饼，再将另一半盖在上面,加盖,直到饼熟。用这种方法做出的饼虽然凹凸不平,但因为受热均匀,所以不生不焦,味道很好。石子馍的烹制方法非常原始,具有石器时代"石烹"的遗风,因此被称为中国食品中的活化石。

熊掌虽然美味,但要吃到真正的熊掌却并不容易,因为熊是国家保护动物,不能随便捕杀。但人们对熊掌的美味始终不能忘怀,于是便出现了以假乱真的"赛熊掌"。用牛蹄烹制的赛熊掌,与真熊掌相差不多。要制作赛熊掌,一定要选择肉质更优的牦牛蹄为原料,经过烧壳、刮净、煮熟、去毛、剔骨之后,再裹以葱姜和十三香等调料腌制,上笼蒸,最后再红烧。虽不能品尝到真正的熊掌,但还有赛熊掌可以享用,也算是口福不浅了。

在人们的印象中,蒜通常都是做配料用的,很少有以蒜做主料的菜肴,但张大千创制的独蒜炖干贝却是一道反客为主的菜肴,以蒜为主料,而以干贝为辅料。制作的时候选用四川所产的独蒜,再加上五六粒发过洗净的干贝,加入高汤炖上四五个小时。待汤干汁浓时,干贝已经被炖得无味,其精华全部在蒜中,因此在食用的时候,一般都要丢掉干贝,只吃里面的蒜头。

在江西婺源,每到冬至的时候人们都会做一道以豆腐和萝卜为主料的菜,叫做焐豆腐焐萝卜。豆腐和萝卜都是非常普通的食材,但经过特殊的烹调方法烹制,就会做出不普通的味道。这道焐豆腐焐萝卜就是因为烹制手法独特,所以才成了婺源冬至时的名菜。制作的时候首先用油、盐、葱、姜分别炒豆腐和萝卜,可适当加入肉丁、海米等配料;然后再将干米粉下锅同炒至糊状即可起锅。

鸭尾(即鸭屁股)本是无用之物,大多数人吃鸭子的时候都会将鸭尾丢弃,但就是这一般人眼中的废弃之物,也同样可以烹制出美味佳肴。将鸭尾风干,然后蒸熟,切片,即成了腊桥鸭尾。因为不知所吃何物,很多人在品尝后都对其赞不绝

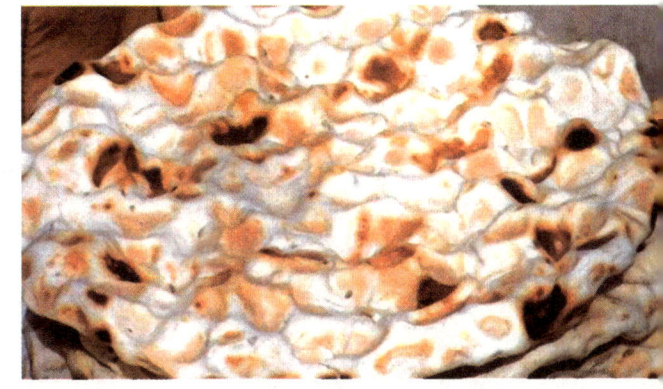

其他中华怪吃

三条沙虫一碗菜

这是海南人所特有的一个食俗。所谓"沙虫",是一种栖息在海南沙滩边的蚕科小动物,身体呈灰白色,沙虫富含高蛋白、低脂肪,营养价值很高。海南人吃沙虫除有沙虫水锅外,还喜红烧沙虫。一般以香菜或生菜加上三条沙虫进行红烧,其味道非常鲜美。

面锅里面煮锅盖

这是江苏镇江的一个非常有趣的饮食怪俗。传说从前镇江有一对夫妻,丈夫老是有病,胃口不开。妻子给他下面吃,不是嫌太硬,就是嫌太烂。一次,在煮面时,不小心将汤罐盖子碰到锅里面去,谁知,丈夫吃了这碗面爽口适味。以后,妻子天天给丈夫烧锅盖面吃,从此,锅盖面在镇江便传开了,成了远近闻名的风味小吃。

口。在日本,人们喜欢用鸡尾制成小吃,将五六个鸡尾用竹签串好,然后入油锅炸熟,看球的时候食用。

初一听到"混合双打",还以为是体育比赛呢!其实,这里所说的混合双打是一道菜的名称,因主料为两种动物,且制作时混合同煮,故名混合双打。将拆骨的羊肉和拆骨的野鸭同煮,煮至肉烂以后,将它们冻在一起,做成肉冻。吃的时候将冻切片,即可食用,也可蘸芥末食用。此菜适合冬天制作和食用,尤其是感冒患者,吃上一口蘸了芥末的肉冻,辣味冲脑,涕泪俱出,感冒也不治自愈了。

浙江黄岩流行一种风味小吃,名为十拼,也叫做席饼或麻饼。因用薄饼卷十种菜肴而食之,故名十拼。在黄岩,随处可见卖十拼的摊档。摊主将炒肉丝、拌豆腐、红烧肉、蛋皮丝、黄瓜丝、香菇木耳丝等卷入大张的春卷皮中,将一头封住,然后再浇入红烧肉的汁,即可食用。如果能配上绿豆面碎汤一同食用,味道就更好了。绿豆面碎汤是用牛肉干丝、蛏子肉及绿豆粉丝加鲜汤葱花煮成的,味道极其鲜美。

奇珍异馔，适可而吃

——虫餐

在我们居住的星球上，昆虫是动物世界最大的类群，种类繁多，大约有 3000 万种，是所有物种中最庞大的一支。如今世界各国已列入可食名单的昆虫约有 600 种，这些昆虫都富含蛋白质和人体必需的氨基酸，而脂肪、胆固醇含量却很低。很多昆虫稍做加工后，便能化腐朽为神奇，成为我们餐桌上的佳肴美馔。

中国饮食文化源远流长，食虫文化亦然。以昆虫为原料烹制菜肴，自古有之。据《礼记》记载，在周代帝王的食谱中就有蝉、蜂和蚂蚁为原料做的菜肴；《尔雅》中也有古人吃蚕蛹的记载，"以油酒焰之，可食，颇香"。东汉时，人们还把蜂、蝉加工后作为贡品以供"天子馈食"。三国时期的曹植最喜食蝉，常令厨师烹食；北魏贾思勰《齐民要术》中也有"蝉脯菹"（即用蝉的脯肉做菜）的记载。唐代，人们不仅煮食蝗虫并作为礼物相互馈赠。唐人用蚁卵做酱，并视其为上品。唐人刘恂在《岭表录异》中记载："交、广溪洞间，酋长多收蚁卵，淘泽令净，卤以为酱……非官客亲友不可得。"宋代，岭南人已擅吃白蚁，《宋朝事实类苑》一书记载，"以豚脔（猪肉片）参之为蚱"，称之为"天虾蚱"。明朝著名医学家李时珍在《本草纲目》一书中也有古人吃蚂蚁的记载："蚁处处有之……古人食之。"他另外记载了能

够养生疗疾的昆虫近百种。

吃昆虫的悠久历史也造就了中国各地食虫的特色。如天津人喜吃香脆可口的油炸蝗虫，广东人喜吃龙虱、白蚁，福建人喜用蚯蚓做馅、做汤，东北人喜吃蚂蚁，山东人喜吃蝉幼虫，云南西双版纳把蝉制成肉酱，苗族人腌蚯蚓与蚯蚓酸配以鸡鸭肉丝的"地龙菜"成为款待客人的盛馔，云南傣族人把蚂蚁作为节日好菜，湖南人吃炸马蜂幼虫，台湾人则最爱吃蒸酥蟋蟀，海南人则喜食沙虫，所谓"三条沙虫一碗菜"，浙江一带人爱吃火烧或油炸蚕蛹，江苏人则对肉蛆情有独钟，炒而食之味道极其鲜美，还可焙干制成蛆粉，是高级的调味品。

随着时代的推移，新的昆虫食品层出不穷。广州有"百蚁归巢"，杭州有"蚂蚁大菜"，广东有油炸土鳖、盐煎金龟子、黄蜂蛹炒鸡蛋、蝉花汤。深圳更是有了新品虫宴："椒盐龙虱""蚂蚁蛹煎蛋""姜丝炒王蜂蛹""香煎竹笋蛹"等虫菜均为佳馔珍馐。南京红楼山庄的系列虫宴，则被誉为江苏一绝，西安的"长安蝎子宴"更是闻名全国，"蝎子舞绣球""钳蝎戏牡丹""虾蝎争珠""蝎汁保平安""钳蝎竹板鱼"等多道艺精味美的蝎子佳肴，更是无愧于"秦菜之最，神州一绝"的美誉。

中国人为何喜食虫餐呢？除了虫餐口味鲜美之外，还因为昆虫营养丰富和药疗保健的功用。昆虫富含大量的蛋白质、氨基酸、脂肪、维生素、微量元素等多种营养素。据专家研究得出结论，许多昆虫蛋白质含量大大超过禽畜肉类，如蟋蟀和龙虱含蛋白质为75%，蝴蝶为71%，蝇蛆为66%，干蝗虫、蚕蛹为60%，蚂蚁为55%，蜜蜂为43%。100千克鲜蚕蛹的蛋白质相当于96千克鸡蛋、109千克鲫鱼的蛋白质含量；其脂肪为30%，主要成分为亚酸油，食用后不会引起胆固醇含量的升高。蚯蚓除含氨基酸外，还含72%的粗蛋白，比鱼、大豆、肉类和骨粉的蛋白含量都高。经常食用这些昆虫美食，可以改善人体的营养结构，增进人体的健康，抗衰防老，延长人类寿命。

昆虫不仅营养价值高，而且药用价值也很高，正应了中国饮食的"医食同源"和"食治同功"之说。许多昆虫具有抗凝血、溶解血栓、

著名虫餐菜肴

油炸蚕蛹、油炸蝗虫、蚯蚓汤、蝉酱、蚁酱、炸马蜂幼虫、蒸酥蟋蟀、红烧沙虫、火烧蚕蛹、百蚁归巢、蚂蚁大菜、油炸土鳖、盐煎金龟子、黄蜂蛹炒鸡蛋、蝉花汤、椒盐龙虱、蚂蚁蛹煎蛋、姜丝炒王蜂蛹、香煎竹笋蛹、蝎子舞绣球、钳蝎戏牡丹、虾蝎争珠、蝎汁保平安、钳蝎竹板鱼、酥炸大黑蚁、鲜蝎花旗参炒松子

虫餐常见食法

蝉：去头、翅、脚，在蝉背切开一条缝，将和好的肉馅放入，文火煎熟而食；将蝉晒干，炒至焦黄色，蘸香油、拌麻酱而食。

蚕蛹：可用油炸而食。

蜈蚣：将蜈蚣煮熟后，去掉头足与皮，和鸡一起炖汤；或直接从尾部吸其体液；或者先用酒泡，再油炸而食。

蝗虫：将蝗虫在火上烤而食之；或油炸而食。

蛐蛐：去掉翅、足及内脏，煮熟之后剁成酱，用蔬菜蘸食。

蚱蜢：可在火上燎而食之；或油炸而食。

龙虱：煮熟之后，蘸以糖而食之。

桂花蝉：用盐淹后，炸而食之。

蜂蛹：用鸡蛋炒而食之。

螳螂：去翅后烤或炒，煮也可以。

蜻蜓：干炸后可食。

天牛：幼虫可生食或烤。

白蚁：可生食或炒食。

松毛虫：烤食。

蚂蚁：用蚁卵做酱是最常见的吃法。

蜘蛛：一种身上有斑纹的蜘蛛可食，去头脚，取胸腹，油炸而食。

沙虫：可用于涮火锅，也可用于和生菜、香菜红烧。

改善微循环的作用。以蚂蚁为例，蚂蚁被誉为"人体健康之神"，富含营养物质，可增强人体免疫力。提取蚂蚁中的药用物质，对关节炎、慢性肝炎、肺结核乃至恶性肿瘤都有良好的疗效。用蚂蚁炖豆腐可给产妇催乳，用蚁卵泡酒做菜，对治疗神经性官能症也有很好的效果。另外，乐虫可治脚气，蚁狮可治脉管炎，蝎子可治惊风、抽搐、风湿等。如今，用昆虫的精华物质制成的保健品更是层出不穷。

然而，食虫也要有度，不能只因贪图美味而胡乱食之。有的昆虫能吃，但是也要煮熟或烤透，以免昆虫体内的寄生虫进入人体，导致疾病。

异材适用，美味神奇

——茶餐与花餐

茶是世界三大饮料之一，而茶的故乡在中国。《神农本草经》云："神农尝百草，日遇七十二毒，得荼而解之。"此"荼"即为"茶"。擅吃的中国人并非仅将茶用来饮，还要将茶入菜，馔而食之。

香茶入馔，中华自古有之。《诗经》云："采荼薪樗，食我农夫。"《晏子春秋》载："婴相齐景公时，食脱粟之食，炙三弋、五卵，茗菜耳矣。"东汉壶居士写的《食忌》说："苦荼久食为化，与韭同食，令人体重。"这里的"荼""茗菜"指的就是茶。唐代储光羲曾专门写过《吃茗粥作》一诗来大赞茶粥的味道鲜美。明清之际的茶餐已经相当丰富了。明万历年间的"太和蘸鸡"，清代的"龙井虾仁""火熏猪肚""樟茶鸭"，以及清末民初的"广东茶香鸡"等等，皆是风味独特的茶叶佳肴。清代乾隆皇帝曾多次在杭州品尝名菜龙井虾仁，慈禧太后则喜用樟茶鸭欢宴群臣。

如今，这种融香茗与佳肴为一体的独特茶餐已遍及中国各大菜系。四川的"樟茶鸭"，广东的"茶香鸡"，江苏的"云雾凤尾"，南京的"香炸云雾"，安徽的"金雀香炖鸡"，河北的"茶烧猪肉"，湖南的"银针鸡汁鱼片"，浙江的"龙井虾仁"，福建的"铁观音炖鸭"，江西的"云雾石鸡"，河南的"信阳毛尖余双脆"，山东的"熏青鱼"，西安的"龙井茶余鸡丝"，上海的"茉莉鱿鱼卷"，北京的"龙井鲍鱼"，香港的"武夷茶白鸽"，台湾的"茶汁鱼片"等，都是菜肴中的精品。

在众多茶肴中，以"龙井虾仁"最为著名。盘中的虾仁洁白似玉，簇拥着的碧绿似翡翠的龙井茶叶，清醇甘爽的诱人芳香，沁人心脾，入口后鲜嫩异常，齿颊留香，回味无穷，令人拍案叫绝。

中国茶餐滋味芳香，风味独具。若以鲜嫩的名茶烹制，则味道更佳。由于茶叶的品种繁多，在色、香、味、形方面各有千秋，各得其妙，故而用不同品种的茶叶烹制出来的菜肴，也各具韵味。但一言以蔽之，茶餐以精为贵，以清淡为要。这也是茶餐的特别之处。茶餐的营养价值很高。据专家研究，茶中蛋白质的含量高达15%～20%，而冲泡的茶水中却不足2%；茶中碳水化合物的含量达20%～30%，却只能冲泡出4%～5%，香茶入馔，其营养可更多地为人们吸收。茶餐还具有降火、利尿、提神、去油腻等功效。唐代古籍《本草拾遗》即云："茶为万能之药。"看来，我们的祖先神农吃茶以解毒绝非虚传。

茶餐融茶香与美味于一体，不仅是中国烹调园艺中的一枝奇葩，也是中国茶文化中的独特技艺。茶能吃，花也能食。香味四溢、姹紫嫣红的花餐更是中国美食一绝。

中国的花餐文化历史悠久，从古至今都占有一席之地。远古时代，人们就尝到了花的美味。《诗经》中就有吃木槿花的记载。屈原《离骚》中"朝饮木兰之坠露兮，夕餐秋菊之落英"的诗句则是古人食菊的最早记载。宋朝时，林洪的《山家清供》收录了以菊花、梅花、莲花等做成的"雪霞羹""梅花粥""莲花糕""广寒糕"等10余种肴馔。清朝顾仲《养生小录》中则有"餐芳谱"一节，专讲如何以花卉入馔。不可一世的慈禧太后为求长生不老，更是常以花为食……

中国地大物博，花卉资源十分丰富，可食用的花卉品种多达百种以上。比如腊梅花、白玉兰、梅花、玫瑰花、月季、梨花、刺槐花、杨花、金银花、桃花、牡丹、芍药、荷花、茉莉、晚香玉、珠兰、菊花、南瓜花、桂花、木槿花、百合、芙蓉花等。花馔品种多样，可直接把花卉烹调加工成菜肴食用，如油炸玉兰花、

福建泉州极具特色的"观音茶王宴"

肉汁牡丹、菊花炒鱼片等,还可以把花卉加工成糕点、粥食,如桂花糕、玫瑰糕,及茉莉粥、梅花粥等。此外,花卉饮料风味独特,如桂花茶、茉莉花茶、菊花茶、合欢茶,及桂花酒、玫瑰露酒等,令人饮后余香不尽,心旷神怡。

秀色可餐。花餐色泽鲜艳,气味芳香,使人赏心悦目,能大大增加食欲。同时,营养学家也证实,花乃植物之精华,特别是花粉,富含蛋白质、脂肪和人体所必需的氨基酸、维生素和微量元素,营养价值相当高。不少花卉还具有延年益寿的保健功能,如兰花可清肺解毒、芍药花可行血中气、月季花可清热化痰、菊花可清目养肝,等等。另外,鲜花餐风饮露,食之能改善人体的功能,起到抗衰延年、驻颜美容的作用。许多花卉中的植物激素、花青素、酯类等,可抑制皮肤老化,增强皮肤细胞的活力,并可调节神经,促进人体新陈代谢,有较佳的护肤养颜的功效。

值得注意的是,日常生活中人们所接触到的花卉种类繁多,其药性等方面也颇为复杂,有些花卉的性能药理还有待进一步确定,因而各位食客选择花餐时,要以科学为原则,切勿随意食之。

新秦淮八绝

——秦淮河畔的美味

十里秦淮河自古就是"风华烟月之区,金粉荟萃之所",历史上曾出现的"秦淮八绝",即明末清初秦淮河畔的八大名妓。

如今,漫步在秦淮河边,昔日的佳人已不复存在,但人们却仍然乐在其中,每到夜晚,夫子庙和秦淮河一带都是南京城最热闹的地方。虽然没有了八位美丽的倩影,但这里又有了新秦淮八绝,只是这八绝的内容由美女变成了美食。新秦淮八绝是指鸭血粉丝汤、秦淮小吃、桂花鸭、芦蒿炒香干、状元豆、咸鸭肫、小龙虾和什锦素菜包。

鸭血粉丝汤是南京最普遍的小吃,在南京的大街小巷,随处都可以看到经营鸭血粉丝汤的小店。南京是著名的鸭都,南京人爱吃鸭,也善于制鸭,鸭血粉丝汤就是一道以鸭血、鸭肠、鸭肝和粉丝为原料的小吃。虽然制作简单,但味道却很好。据说以前曾有人在杀鸭子的时候不小心将粉丝掉进了装有鸭血的碗里,无奈不得不将鸭血和粉丝一起烹制,没想到做出来的味道非常好,引得无数路人前来询问,这就是第一碗鸭血粉丝汤。后来,当地的财主知道了这件事,就聘这个人为厨师。

秦淮小吃是中国四大小吃群(另三个为上海城隍庙小吃、长沙火宫殿小吃和苏州玄妙观小吃)之一,历史悠久,种类众多。到南京逛夫子庙,不品尝秦淮小吃,不能不说是一大遗憾。秦淮小吃始于六朝,到明清时就已经有了一定的名气。在吴敬梓的《儒林外史》中,就有一段关于秦淮小吃的描写:"传杯换盏,吃到午后,杜慎卿叫取点心来,便是猪油饺饵、鸭子肉包烧卖、鹅油酥、软香糕,每样一盘拿上来。众人吃了,又是雨水煨的六安毛尖茶,每

有关南京桂花鸭制作工序的大幅图画

桂花鸭是南京有名的特产。每当桂花飘香的节令，南京人就要大快朵颐了。由于鸭肉肥美，并有桂花卤入味，因而，桂花鸭香鲜味美，肥而不腻。

人一碗。"如今的秦淮小吃同样受人欢迎。秦淮小吃有"新秦淮八绝"，而南京八家餐厅的名点小吃也曾被评为"秦淮八绝"。这八绝包括：永和园的黄桥烧饼和开阳干丝、蒋有记的牛肉汤和牛肉锅贴、六凤居的豆腐涝和葱油饼、奇芳阁的鸭油酥烧饼和什锦菜包、奇芳阁的麻油素干丝和鸡丝浇面、莲湖糕团店的桂花夹心小元宵和五色小糕、瞻园面馆的熏鱼银丝面和薄皮包饺、魁光阁的五香豆和五香蛋。

南京桂花鸭也就是盐水鸭，因其在八月桂花飘香的季节最为鲜美，且鸭肉带有桂花的香气，因此又名桂花鸭。据《白门食谱》记载："金陵八月时期，盐水鸭最著名。人人以为肉内有桂花香也。"桂花鸭肉嫩多汁，香而不膻，是南京有名的特产，相传已经有2500多年的历史了。桂花鸭是下酒的好菜，因此每当逢年过节或亲友相聚时，桂花鸭都是不可或缺的菜品。

芦蒿炒香干本是一道普通的小菜，但是在南京，这道寻常的小菜却极不寻常，很多外地人到南京都要慕名点上一道芦蒿炒香干，其味道自然也不会让食客们失望。南京人常说"芦蒿只有南京才有"，这句话虽然说得有些夸张，但却也不无道理。因为说到吃芦蒿，确实没有哪个地方可以和南京相比。南京人吃芦蒿极其讲究，择菜的时候，一斤菜要择掉八两，只剩下干净清脆的芦蒿杆儿尖。炒香干的时候也只放油和盐，这样就保持了芦蒿和香干的那份自然清香，吃起来别有一番滋味。

状元豆其实就是五香豆，是用黄豆制作的，入口喷香，咸甜软嫩，让人吃起来就停不住嘴。相传清乾隆年间，有一位叫做秦大士的穷苦书生，为了考取功名，每天都读书到深夜。他的母亲见他太辛苦，就用黄豆加红曲米和红枣煮好，然后用小碗将豆子装好，再在上面加一颗红枣给他吃，并鼓励他考上状元。结果，秦大士真的考上了状元，状元豆也就因此而传开了……

咸鸭肫是用鸭肫腌制晾晒而成的，入口咸鲜，但转而会回甜，让人回味无穷。到南京旅游的人经常会买一些鸭肫带走，可以买熟的，也可以买生的自己回去蒸。在北京流行一时的"麻小"，在南京也很受欢迎。南京的小龙虾已经发展成了一项产业，这也是"新秦淮八绝"中最具现代特色的一绝。什锦素菜包本是一种极为普通的吃食，但是在南京，这种吃食却很受重视，这大概与南京自古知名的素斋有关吧！

名家论吃

北平的零食小贩
——梁实秋

北平人馋。馋，据字典说是"贪食也"，其实不只是贪食，是贪食各种美味之食。美味当前，固然馋涎欲滴，即使闲来无事，馋虫亦在咽喉中抓挠，迫切地需要一点什么以膏馋吻。三餐时固然希望青梁罗列，任我下箸，三餐以外的时间也一样的想馋嚼，以锻炼其咀嚼筋。看鹭鸶的长颈都有一点羡慕，因为颈长可能享受更多的徐徐下咽之感，此谓之馋，馋字在外国语中无适当的字可以代替，所以讲到馋，真"不足为外人道"。有人说北平人之所以特别馋，是由于当年的八旗弟子游手好闲的太多，闲就要生事，在吃上打主意自然也是可以理解的。所以各式各样的零食小贩便应运而生，自晨至夜逡巡于大街小巷之中。

北平小贩的吆喝声是很特殊的。我不知道这与平剧（即京剧）有无关系，其抑扬顿挫，变化颇多，有的豪放如唱大花脸，有的沉闷如黑头，又有的清脆如生旦，在白昼给浩浩欲沸的市声平添不少情趣，在夜晚又给寂静的夜带来一些凄凉。细听小贩的呼声，则有直譬，有隐喻，有时竟像谜语一般耐人寻味。而且他们的吆喝声，数十年如一日，不曾有过改变。我如今闭目沉思，北平零食小贩的呼声俨然在耳，一个个的如在目前。现在让我就记忆所及，细细数说。

首先让我提起"豆汁"。绿豆渣发酵后煮成稀汤，是为豆汁，淡草绿色而又微黄，味酸而又带一点霉味，稠稠的，混混的，热热的。佐以辣咸菜，即棺材板（即腌大白萝卜）切细丝，加芹菜梗，辣椒丝或末。有时亦备较高级之酱菜如酱萝卜酱黄瓜之类，反而不如辣咸菜之可口，午后啜三两碗，愈吃愈辣，愈辣愈喝，愈喝愈热，终至大汗淋漓，舌尖麻木而止。北平城里人没有不嗜豆汁者，但一出城则豆渣只有喂猪的份，乡下人没有喝豆汁的。外省人居住北平二三十年往往不能养成喝豆汁的习惯。能喝豆汁的人才算是真正的北平人。

其次是"灌肠"。后门桥头那一家的大灌肠，是真的猪肠做的，遐迩驰名，但嫌油腻。小贩的灌肠虽有肠之名实则并非是肠，仅具肠形，一条条的以芡粉为主所做成的橛子，切成不规则形的小片，放在平底大油锅上煎炸，炸得焦焦的，蘸蒜盐汁吃。据说那油不是普通油，是从作坊里从马肉等熬出来的油，所以有这一种怪味。单闻那种油味，能把人恶心死，但炸出来的灌肠，喷香！

从下午起有沿街叫卖"面筋哟"者，你喊他时须喊"卖熏鱼儿的"！他来到你们门口打开他的背盒由你拣选时却主要的是猪头肉。除猪头肉的脸子、只皮、口条之外还有脑子、肝、肠、苦肠、心头、蹄筋、等等，外带着别有风味的干硬火烧。刀口上手艺非凡，从夹板缝里抽出一把飞薄的刀，横着削切，把猪头肉切得薄如纸，塞在那火烧里食之，熏味扑鼻！这种卤味好像不能登大雅之堂，但是在煨煮熏制中有特殊的风味。离开北平便尝不到。

薄暮后有叫卖羊头肉者，刀板器皿刷洗得一尘不染，切羊脸子是他的拿手，切得真薄，从一只牛角里撒出一些特制的胡盐，北平的羊好，有浓厚的羊味，可又没有浓厚到膻的地步。

也有推着车子卖"烧羊脖子烧羊肉"的。烧羊肉是经过煮和炸两道手续的，除肉之外还有肚子和卤汤。在夏天佐以黄瓜大蒜是最好的下面之物。推车卖的不及街上羊肉铺所发售的，但慰情聊胜于无。

北平的"豆腐脑"，异于川湘的豆花，是哆里哆嗦的软嫩豆腐，上面浇一勺卤，再加蒜泥。

"老豆腐"另是一种东西，是把豆腐煮出了蜂窠，加芝麻酱韭菜末辣椒等佐料，热乎乎的连吃带喝亦颇有味。

北平人做的"烫面饺"不算一回事，真是举重若轻叱咤立办，你喊三十饺子，不大的工夫就给你端上来了，一个个包得细长齐整又俊又俏。

斜尖的炸豆腐，在花椒盐水里煮得饱饱的，有时再羼进几个粉丝做的炸丸子，放进一点辣椒酱，也算是一味很普通的零食。

馄饨何处无之？北平挑担卖馄饨的却有他的特点，馄饨本身没有什么异样，由筷子头拨一点肉馅往三角皮子上一抹就是一个馄饨，特殊的是那一锅骨头熬的汤别有滋味，谁家也不会把那么多的烂骨头煮那么久。

一清早卖点心的很多，最普通的是烧饼油鬼。北平的烧饼主要的有四种，芝麻酱烧饼、螺丝转、马蹄、驴蹄，各有千秋。芝麻酱烧饼，外省仿造者都不像样，不是太薄就是太厚，不是太大就是太小，总是不够标准。螺丝转儿最好是和"甜浆粥"一起用，要夹小圆圈油鬼。马蹄儿只有薄薄的两层皮，宜加圆饱的甜油鬼。驴蹄儿又小又厚，不要油鬼做伴。北平油鬼，不叫油条，因为根本不作长条状，主要的只有两种，四个圆饱联在一起的是甜油鬼，小圆圈的油鬼是咸的，炸得特焦，夹在烧饼里一按咔喳一声。离开北平的人没有不想念那种油鬼的。外省的油条，虚泡囊肿，不够味，要求炸焦一点也不行。

"面茶"在别处没见过。真正的一锅糨糊，炒面熬的，盛在碗里之后，在上面用筷子蘸着芝麻酱撒满一层，唯恐撒得太多似的。味道好吗？至少是很怪。

卖"三角馒头"的永远是山东老乡。打开蒸笼布，热腾腾的各样蒸食，如糖三角、混糖馒头、豆沙包、蒸饼、红枣蒸饼、高庄馒头，听你捡选。

"杏仁茶"是北平的好，因为杏仁出在北方，提味的是那少数几颗苦杏仁。

豆类做出的吃食可多了，首先要提"豌豆糕"。小孩子一听打镗锣的声音很少有不怦然心动的。卖豌豆糕的人有一把手艺，他会把一块豌豆泥捏成各式各样的东西，他可以听你的盼咐捏一把茶壶，壶盖壶把壶嘴俱全，中间灌上黑糖水，还可以一杯一杯地往外倒。规模大一点的是荷花盆，真有花有叶，盆里灌黑糖水。最简单的是用模型翻制小饼，用芝麻做馅。后来还有"仿膳"的伙计出来做这一行生意，善用豌豆泥制各式各样的点心，大八件、小八件，什么卷酥喇嘛糕枣泥饼花糕，五颜六色，应有尽有，惟妙惟肖。

"豌豆黄"之下街卖者是粗的一种，制时未去皮，加红枣，切成三尖形矗立在案板上。实际上比铺子卖的较细的放在纸盒里的那种要有味得多。

"热芸豆"有红白二种，普通的吃法是用一块布挤成一个豆饼，可甜可咸。

"烂蚕豆"是俟蚕豆发芽后加五香大料煮成，烂到一挤即出。

"铁蚕豆"是把蚕豆炒熟，其干硬似铁。牙齿不牢者不敢轻试，但亦有酥皮者，较易嚼。

夏季雨后照例有小孩提着竹篮赤足淌水而高呼"干香豌豆",咸滋滋的也很好吃。

"豆腐丝",粗糙如豆腐渣,但有人拌葱卷饼而食之。

"豆渣糕"是芸豆泥做的,作圆球形,蒸食,售者以竹筷插之,一插即是两颗,加糖及黑糖水食之。

"甑儿糕",是米面填木碗中蒸之,呲呲作响。顷刻而熟。

"浆米藕"是老藕孔中填糯米,煮熟切片加糖而食之。挑子周围经常环绕着馋涎欲滴的小孩子。

北平的"酪"是一项特产,用牛奶凝冻而成,夏日用冰镇,凉香可口,讲究一点的酪在酪铺发售,沿街贩卖者亦不恶。

"白薯"(即南人所谓红薯),有三种吃法,初秋街上喊"栗子味儿的"者是干煮白薯,细细小小的一根根地放在车上卖。稍后喊"锅底儿热和"者为带汁的煮白薯,块头较大,亦较甜。此外是烤白薯。

"老玉米"(即玉蜀黍)初上市时也有煮熟了在街上卖的。对于城市中人这也是一种新鲜滋味。

沿街卖的"粽子",包得又小又俏,有加枣的,有不加枣的,摆在盘子里齐整可爱。

北平没有汤圆,只有"元宵",到了元宵季节街上有叫卖煮元宵的。袁世凯称帝时,曾一度禁称元宵,因与"袁消"儿子音同,改称汤圆,可嗤也。

糯米团子加豆沙馅,名曰"爱窝"或"爱窝窝"。

黄米面做的"切糕",有加红豆的,有加红枣的,卖时切成斜块,插以竹签。

菱角是小的好,所以北平小贩卖的是小菱角,有生有熟,用剪去刺,当中剪开。很少卖大的红菱者。

"老鸡头"即芡实。生者为刺囊状,内含芡实数十颗,熟者则为圆硬粒,须敲碎食其核仁。

供儿童以糖果的,从前是"打镗锣的",后又有卖"梨糕"的,此外如"吹糖人的",卖"糖杂面的",都经常徘徊于街头巷尾。

"爬糕"、"凉粉"都是夏季平民食物,又酸又辣。

"驴肉",听起来怪骇人的,其实切成大片瘦肉,也很好吃。是否有骆驼肉、马肉混在其中，我不敢说。

担着大铜茶壶满街跑的是卖"茶汤"的，用开水一冲，即可调成一碗茶汤，和铺子里的八宝茶汤或牛髓茶固不能比，但亦颇有味。

"油炸花生仁"是用马油炸的，特别酥脆。

北平"酸梅汤"之所以特别好，是因为使用冰糖，并加以玫瑰木樨桂花之类。信远斋最合标准，沿街叫卖的便徒有其名了，而且加上天然冰亦颇有碍卫生。卖酸梅汤的普通兼带"玻璃粉"及小瓶用玻璃球做盖的汽水。"果子干"也是重要的一项副业，用杏干柿饼鲜藕煮成。"玫瑰枣"也很好吃。

冬天卖"糖葫芦"，裹麦芽糖或糖稀的不太好，蘸冰糖的才好吃。各种原料皆可制糖葫芦，唯以"山里红"为正宗。其他如海棠、山药、山药豆、杏干、核桃、荸荠、桔子、葡萄、金桔等均佳。

北地苦寒，冬夜特别寂静，令人难忘的是那卖"水萝卜的声音，"萝卜——赛梨——辣了换！"那红绿萝卜，多汁而甘脆，切得又好，对于北方煨在火炉旁边的人特别有沁人心脾之效。这等萝卜，别处没有。

有一种内空而瘪的小花生，大概是捡选出来的不够标准的花生，炒焦了之后，其味特香，远在白胖的花生之上，名曰"抓空儿"，亦冬夜的一种点缀。

夜深时往往听到沉闷而迟缓的"硬面饽饽"声，有光头、凸盖、镯子等，亦可充饥。

水果类则四季不绝的应世，诸如：三白的大西瓜、蛤蟆酥、羊角蜜、老头儿乐、鸭儿梨、小白梨、肖梨、糖梨、烂酸梨、沙果、苹果、虎拉车、杏、桃、李、山里红、柿子、黑枣、嘎嘎枣、老虎眼大酸枣、荸荠、海棠、葡萄、莲蓬、藕、樱桃、桑葚、槟子……不可胜举，都在沿门求售。

以上约略举说，只就记忆所及，挂漏必多。而且数十年来，北平也正在变动，有些小贩由式微而没落，也有些新的应运而生，比我长一辈的人所见所闻可能比我要丰富些，比我年轻的人可能遇到一些较新鲜而失去北平特色的事物。总而言之，北平是在向新颖而庸俗方面变，在零食小贩上即可窥见一斑。如今呢，胡尘涨宇，面目全非，这些小贩，还能保存一二与否，恐怕在不可知之数了。但愿我的回忆不是永远地成为回忆！

奇特的食物
——王了一

我常常像小孩般发出一个疑问：人类的食品为什么大致相同？是各民族不约而同地各自发现的呢，还是由甲地转入乙地，逐渐传遍全世界的呢？像米、胡椒、芥末之类，自然是从东方传入欧洲的，但是，牛羊鸡猪以及麦类等，又是谁传给谁的呢？

不过，从反面说，不相同的食品也不少。甲民族所不吃的东西，如果乙民族吃它，就被认为一种奇特的风俗。实际上，凡不含毒素的东西都可以作为食品。然而人们却不能这样客观，总觉得我们所认为不能吃，甚至令人作呕或可怕的东西，而你们居然吃了，实在是一件不可思议的事情。成见深些的人，会因此就把野蛮民族的头衔轻轻地加在别人的身上！当法国人笑咱们中国人吃"燕子窝"的时候，我并不耐烦和他们解释一番大道理，我只回答他们说："中国人虽吃燕子窝，却不像你们吃蜗牛啊！"

吃鳖的风俗，中国上古就有了。郑公子归生因为吃不着大鳖，竟至于杀君。吃狗的风俗，中国上古也有了。《礼记》言"食犬"，《仪礼》言"烹狗"，这是多么正经！孟子说："鸡豚狗彘之畜，无失其时，七十者可以食肉矣。"竟像是说七十岁才有吃狗肉的权利，这是多么珍贵！《左传》说"郑伯使卒出豭，行出犬鸡，以诅射颍考叔者"，则狗肉还可以祭鬼神呢！狗肉以作食品，始于何时，固然难于考定。然而殷墟文字中已有"犬"字；谁也不敢断言当时的狗只为畋猎之用，耕牛可供食品，猎犬何独不然？吃狗肉的风俗直至汉代还未消灭，所以樊哙能以屠狗为业。其实，猪是世界上最脏的畜类，人们尚且吃它；狗肉又何尝不可以吃？问题在乎当时的狗是否也吃人粪。我想是不吃的；等到它吃粪的时代，一般人就不吃它了。《史记正义》在屠狗下注云："时人食狗，亦与羊豕同，故哙专屠以卖之。"可见唐代的人已经不吃狗肉。

除了鳖和狗之外，现代广东人还吃猫、蛇、猴等物。其实这些奇异的食品是更仆难数的。龙虱、蚂蚱之类，喜欢吃的人不愿意把它们去换海参鱼翅！广西南部有一种当篱笆用的小树名叫"篱固"，牧童们喜欢用刀剜取树中的一种蛹，用油煎熟来饮酒。此外，黄蜂的蛹也是下酒的佳肴。

小孩的食品也有很奇特的。据说兽粪中的一种硬壳虫是小孩的滋补品。如果小孩伤风咳嗽，用蜣螂去头足，煎汤服之即愈。越南人对于小孩，喜欢给他吃壁蟮。据说也是滋补品。

成年人所吃的药品，在中国也有极奇特的，中药书上的人中黄，人中白，紫河车之类，非但吓倒西洋人，连我们这一代的中国人恐怕也咽不下去。此外还有些药书所未登录的验方，例如脖子内生瘰子筋的人，据说壁虎可治。

其法系将活的壁虎送进喉咙，注意使它的尾巴先进去。这种治病方法实在惊人，但只可惜壁虎的味道不能细细咀嚼了。

奇特的食品在吃惯了的人看来也并不奇特。但是，不知是否怕别处的人嗤笑，人们对于那些奇特的食品往往喜欢"锡以嘉名"。明明是鳖，偏叫他甲鱼；明明是青蛙，偏叫它田鸡；明明是甲壳虫之一种，偏叫它龙虱；明明是蛇和猫，偏叫它龙虎斗；明明是狗肉，偏叫它香肉。药品亦然，明明是胞衣，偏叫它紫河车。其实这也难怪，名称对于心理的影响是很大的。冬笋是咱们所喜欢吃的东西，西洋人偏要说咱们吃的是"嫩竹"或"竹芽"，听来未免有点儿刺耳。咱们的顶上官燕在他们的嘴里变了"燕子窝"，连咱们中国人听了这种名称也要作三日呕了。

大致说来，凡能刺激人的东西都是好的。湖南人的辣椒，广东人的苦瓜，其妙处全在那辣和苦。最臭的东西也就是最香的。初到南洋的人，每吃"流连"（水果名）一次，必呕吐一番。但是，如果你肯多吃几次，则你之喜欢"流连"，将甚于杨贵妃之喜欢荔枝。"日啖流连三十颗，不妨长作南洋人"，华侨当中不乏作此想者。最令人作呕的东西也就是最富于异味的。相传蜀中某名士擅易牙之术，一日宴客，自任烹调。众客围桌以待朵颐之乐。忽见仆人把一只马桶端上桌来，主人跟着进来把桶盖揭开，里面珍错杂陈。吃起来，其味百倍于常品，这主人就是善于利用人们的恶心的。

我们认为，每一个民族都有选择他们的食品的自由。假使有某一地方的人奉耗子为珍馐，我们也并不觉得他们比吃兔肉的人更野蛮，更可鄙。但是不反对人家虽是易事，和人家同化毕竟很难。十年前我被法国朋友强劝，吃了一个蜗牛，差点儿不曾呕出来，至今犹有余悔。我非但是中国人，而且家乡距离专吃异味的广东不到二十里，然而我生平对于田鸡和甲鱼，始终不敢稍一染指；鳝鱼虽吃过几次，总不免"于我心有戚戚焉"；至于猢狲，长虫，狸奴和守门忠仆之流，更不是我所敢问津的了。——唉！人类几时能免为成见的奴隶呢？

豆汁儿

——梁实秋

豆汁下面一定要加一个儿字，就好像说鸡蛋的时候鸡子下面一定要加一个儿字，若没有这个轻读的语尾，听者就会不明白你的语意而生误解。

胡金铨先生在谈老舍的一本书上，一开头就说：不能喝豆汁儿的人算不得是真正的北平人。这话一点儿也不错。就是在北平，喝豆汁儿也是以北平城里的人为限，城外乡间没有人喝豆汁儿，制作豆汁儿的原料是用以喂猪的。但是这种原料，加水熬煮，却成了城里人个个欢喜的食物。而且这与阶级无关。卖力气的苦哈哈，一脸渍泥儿，坐小板凳儿，围着豆汁儿挑子，啃豆腐丝儿卷大饼，喝豆汁儿，就咸菜儿，固然是自得其乐。府门头儿的姑娘、哥儿们，不便在街头巷尾公开露面，和穷苦的平民混在一起喝豆汁儿，也会派底下人或是老妈子拿沙锅去买回家里重新加热大喝特喝。而且不会忘记带回一碟那挑子上特备的辣咸菜，家里尽管有上好的酱菜，不管用，非那个廉价的大腌萝卜丝拌的咸菜不够味。口有同嗜，不分贫富老少男女。我不知道为什么北平人养成这种特殊的口味。南方人到了北平，不可能喝豆汁儿的，就是河北各县也没有人能容忍这个异味而不龇牙咧嘴。豆汁儿之妙，一在酸，酸中带馊腐的怪味。二在烫，只能吸溜吸溜的喝，不能大口猛灌。三在咸菜的辣，辣得舌尖发麻。越辣越喝，越喝越烫，最后是满头大汗。我小时候在夏天喝豆汁儿，是先脱光脊梁，然后才喝，等到汗落再穿上衣服。

自从离开北平，想念豆汁儿不能自已。有一年我路过济南，在车站附近一个小饭铺墙上贴着条子说有"豆汁"发售。叫了一碗来吃，原来是豆浆。是我自己疏忽，写明的是"豆汁"，不是"豆汁儿"。来到台湾，有朋友说有一家饭馆儿卖豆汁儿，乃偕往一尝。乌糟糟的两碗端上来，倒是有一股酸馊之味触鼻，可是稠糊糊的像麦片粥，到嘴里很难下咽。可见在什么地方吃什么东西，勉强不得。

第八章 清茶老酒的醇芳

茶者,乃养生之道

——茶的功用

中国很多古籍和古医书都有关于茶叶的药用价值和饮茶健身的记载。如李时珍《本草纲目》:"茶苦而寒,最能降火……又兼解酒食之毒,使人神思爽,不昏不睡,此茶之功也。"《茶经》中更有精论:"茶之为用,味之寒,为饮之最,精行俭德之人,若热渴、凝闷、脑疼、目涩、四肢烦、百节不舒,聊四五啜,与醍醐甘露抗衡也。"

此外,《神农食经》《神农本草》《广雅》《本草拾遗》《新修本草·木部》等古籍中均记载有茶叶的药用价值。唐朝刘贞亮甚至总结出著名的"饮茶十德",以说明茶有多种养生功效,即"以茶散郁气、以茶驱睡气、以茶养生气、以茶除病气、以茶利礼仁、以茶表敬意、以茶尝滋味、以茶养身体、以茶可行道、以茶可雅志"。

唐宋时,茶的药用价值得到空前的重视,茶疗逐渐兴起。茶疗是指以茶为主,结合其他中草药防治多种疾病的治疗方法。由于无论任何体质的人,茶疗均有保健的作用,至明清朝代,茶疗之风更加盛行。中医学家李时珍在其著作《本草纲目》中记载:"茶苦而寒,阴中之阴,沉也降也,最能降火。火为百病,火降则上清矣。"并详细地论述了茶的治病方法。他认为,龙珠香片加桂圆,可补血益气、强心健脾;龙井加草决明,可防治高血压头痛;碧螺春加川芎及天麻,能减轻神经血管性头痛。总的来说,茶疗要根据各人的身体状况,搭配好茶叶和中草药,方能见疗效。

中医一向有"药食同源"之说,意即医药源自于食物。远古时代,茶除了充饥的作用外,还被用做药物,所以自古以

茶的营养价值

如果从茶的营养价值分析,喝绿茶对人体最好。因为绿茶加工后基本上保持了鲜茶叶的有效成分,而其他茶类经加工后,原来的有效成分都受到一些破坏。据分析,绿茶中所含的维生素是红茶的5~6倍。

制茶图

来,茶与中药就有着十分紧密的关系。随着社会的发展和技术的进步,现代医学通过分析茶叶的营养成分和药理功能,为茶疗找到了科学的根据。茶因具有药用价值被列为世界三大健康饮料之一。

据现代科学研究,茶叶中的无机矿质元素约有 27 种,包括磷、钾、硫、镁、锰、氟、铝、钙、钠、铁、铜、锌、硒等多种。其中钾、钠可以维持体液平衡,镁可以保持人体正常的糖代谢,锰、铜可以参与多种酶的作用,氟可以预防龋齿、助长骨骼,钙、硅也有助于骨骼生长,硫、镍与循环代谢有关,铁与造血功能有关。

茶叶中的有机化合物主要有蛋白质、脂质、碳水化合物、氨基酸、生物碱、茶多酚、有机酸、色素、香气成分、维生素、皂苷、甾醇等。此外,茶叶还富含其他功能性成分,它们对人体保健的作用如下:茶多酚可以抗氧化、清除自由基、抗菌抗病毒、防龋、抗癌抗突变、消臭、抑制动脉粥样硬化、降血脂、降血压等;咖啡碱具有兴奋中枢神经、利尿、强心的作用;多糖有利于调节免疫功能、降血糖、防治糖尿病。

> **煎 茶**
>
> 日本煎茶采用温和式的熏蒸法，比中国的锅炒茶叶更能保存茶叶的成分。医学研究表明，煎茶中含有大量的儿茶素、维生系C以及维生素A，具有防癌及养颜美容的作用。但茶叶只有少部分营养能溶入茶汤中，大部分仍残留茶渣中。如果想彻底利用茶叶的营养价值，最好采取"吃"茶的方式，以达到防癌及养颜美容的目的。

从上面的分析可以看出，茶叶成分对人体的生理、药理功效是多种多样的，难怪古代有这么多医术都论述到茶的养生、药用价值。归纳起来，茶主要有七大保健作用，依次是利尿、兴奋、抑制动脉硬化、抗菌、强心解痉、防龋齿、抑制癌细胞。茶叶中的咖啡碱和茶碱具有利尿作用，能治疗水肿、水滞瘤等症状，如红茶糖水具有解毒、利尿功效，可以治疗急性黄疸型肝炎；咖啡碱是一种兴奋剂，能使中枢神经系统兴奋起来，有助于振作精神；而茶素、维生素P、维生素C都有增强微血管壁弹性的作用，可以活络降压，并防止动脉硬化；茶多酚和鞣酸可以通过凝固细菌的蛋白质将细菌杀死，所以茶叶具有抗菌、抑菌作用；咖啡碱可以解除支气管痉挛，促进血液循环，能辅助治疗支气管哮喘、心肌梗死；氟离子与牙齿的钙质能生成"氟磷灰石"，提高牙齿的防酸抗龋能力；牡荆碱、桑色素、儿茶素等黄酮类物质有着不同程度的体外抗癌作用。

据研究，茶在减肥、美容等方面也有一定功效。中国西藏、内蒙古等地区的人们常年都以肉食为主，缺乏蔬菜，茶具有消食去腻作用，因而成为当地人的生活必需品。如唐代《本草拾遗》中就记载："茶久食令人瘦，去人脂。"可见，早在唐朝时期，中国人民就已发现了茶叶的减肥作用。

中国十大名茶

——十大名茶

中国茶叶历史悠久，品种繁多，犹如春天的百花园，万紫千红，竞相争艳。在众多的茶叶珍品中，中国十大名茶备受注目。

西湖龙井

产于浙江省杭州市西湖周围的群山，居中国名茶之冠。按产地分为"狮、龙、云、虎、梅"五个品类，其中狮峰龙井香气高锐而持久，滋味鲜醇，色泽略黄，为五品类中品质最佳者。龙井属炒青绿茶，以"色绿、香郁、味甘、形美"四绝著称于世，素有"国茶"之称。高档龙井茶以一芽一叶为标准。冲泡时选用玻璃杯，茶叶在杯中逐渐伸展，一旗一枪，上下沉浮，滋味甘鲜醇和，香气幽雅清高，汤色碧绿清莹。龙井茶的采摘有三大特点：一早、二嫩、三勤。茶农常说：早采三天是宝，迟采三天是草。通常以清明前采制为最佳，称为"明前龙井"，为龙井茶之极品，产量很少，非常珍贵。

洞庭碧螺春

产于江苏省苏州市吴中区太湖之滨的洞庭山，乃中国名茶珍品。以"形美、色艳、香浓、味醇"四绝闻名中外。干茶条索紧结，白毫显露，色泽银绿，翠碧诱人，

卷曲成螺，故名"碧螺春"。因其香气锐高而持久，俗称"吓煞人香"。碧螺春用细嫩芽头炒制而成，一斤高级的碧螺春干茶需要六七万个茶芽，足见茶芽之细嫩。其采摘季节性很强，春分开始谷雨结束，前后不到一个月时间。高档碧螺春都在清明前后采制。碧螺春的冲泡多用玻璃杯，开水温度以70～80摄氏度度为宜。茶投入杯中后，瞬间白云翻滚，雪花飞舞，清香袭人，宛如高级工艺品，是典型的绿茶。

安溪铁观音

是乌龙茶的极品，产于福建省安溪县，历史悠久，素有"茶王"之称。干茶肥壮圆结，沉重匀整，色泽砂绿，整体形状似蜻蜓头。冲泡后汤色多黄浓，艳似琥珀，有天然馥郁的兰花香，滋味醇厚甘鲜，回甘悠久，俗称"音韵"。茶音高而持久，可谓"七泡有余香"。一年可采四期茶，分春茶、夏茶、暑茶、秋茶，其中以春茶为最佳，产量占全年的一半。其采制技术非常特别，不是采摘幼嫩的芽叶，而是采摘成熟新梢的2～3叶，俗称"开面采"。品饮铁观音，需备小巧精细的茶具。先用沸水冲泡洗茶，再续水正式冲泡2～3分钟，然后倒入小杯品饮。品饮铁观音，可先闻其香，再品其味，每次饮量虽不多，但满口生香，回味无穷。

大红袍

产于福建崇安东南部的武夷山，为武夷岩茶中品质最优者。大红袍的采制技术与其他武夷岩茶相似，每年春天采摘3～4叶开面新梢精制而成。大红袍外形条索紧结，带扭曲条形，俗称"蜻蜓头"。叶背有蛙皮状砂粒，俗称蛤蟆背。色泽绿褐鲜润，冲泡后汤色橙黄明亮，滋味醇厚回苦，叶片红绿相间，典型的叶片有"绿叶红镶边"之美感。其最突出的特点是香气馥郁，有兰花香，"岩韵"明显。品饮大红袍，必须按"工夫茶"小壶小杯细品慢饮的方式，才能真正品尝到岩茶之巅的韵味。大红袍冲泡七八次后仍有香味，相当耐冲泡。

普洱茶

是在云南大叶茶基础上培育出的一个新茶种，亦称滇青茶，为黑茶类之代表。因原运销集散地在普洱县而得名，距今已有1700多年的历史。普洱茶鲜叶肥壮，叶色黄绿间带红斑，条索粗壮结实，白毫密布。香气高锐持久而独特，滋味浓醇而富有刺激性，冲泡五六次仍有香味，茶汤橙黄浓厚，滋味醇厚回甘，饮后令人回味无穷。普洱茶不仅独具陈香，而且还有重要的药物价值。经医学临床实验证明，普洱茶具有降低血脂、减肥、抑菌、助消化、暖胃、生津、止渴、醒酒、解毒等多种功效。因此，很多人把普洱茶当成养生妙品。

祁门红茶

简称祁红，是中国红茶的代表，有百余年的生产历史。产于安徽省祁门、东至、贵池、石台、黟县，以及江西浮梁一带，以祁门历口、闪里、平里一带的品质最优。高档祁红外形条索紧细苗秀，色泽乌润，冲泡后茶汤红浓，香气清新芬芳，馥郁持久，有明显的甜香，有时带有玫瑰花香。这种特有的香味，被国外消费者称为"祁门香"。在国际市场上，祁红与印度大吉岭茶、斯里兰卡乌伐的季节茶并列为世界公认的三大高香茶。祁红茶清饮更能领略其特殊香味，加奶后呈乳色粉红，其香味特点犹存。祁红主销欧洲，是欧洲下午茶的珍品和馈送亲友的高贵礼物，在英国受到了皇家贵族的宠爱，被誉为"群芳最"。1915年，在巴拿马展览会上荣获金质奖，赢得了国际市场的最高评价。

黄山毛峰

产于安徽黄山，主要分布在桃花峰的云谷寺、松谷庵、吊桥庵、慈光阁及半寺周围。这里山高林密，日照时间短，云雾多，自然条件十分适合茶树生长。茶树得云雾之滋润，无寒暑之侵袭，因而蕴成良好的品质。黄山毛峰分特级和一、二、三级，特级黄山毛峰在清明前后采制，形似雀舌，白毫显露，色似象牙，鱼叶黄金。冲泡后，清香高长，汤色清澈，滋味鲜浓、醇厚、甘甜，叶底嫩黄，肥壮成朵。其中"鱼叶金黄""色似象牙"是特级黄山毛峰的两大明显特征。

君山银针

产于湖南岳阳洞庭湖中的青螺岛，是具有千余年历史的传统名茶。成品茶芽头茁壮，长短大小均匀，茶芽内面呈金黄色，外层白毫显露完整，而且包裹坚实，因外形像银针而得名"君山银针"。君山银针属芽茶，因茶树品种优良，树壮枝稀，芽头肥壮重实，每斤银针茶约有2.5万个芽头。君山银针风格独特，年产量不多，但质量超群，属中国名优茶。根据芽头的肥壮程度，君山银针分为特号、一号、二号三个档次。1956年，在莱比锡国际博览会上，君山银针被誉为"金镶玉"，并赢得金质奖章。其售价也创中国当今名优茶之最。君山银针的储藏十分讲究。先将石膏烧热捣碎，铺于箱底，再在上面垫两层皮纸，然后用皮纸将茶叶分装成小包，放在皮纸上面，封好箱盖。只要适时更换石膏，银针品质就能经久不变。

六安瓜片

产于安徽西部大别山茶区，是中国著名的绿茶。以六安、金寨、霍山三地所产茶叶最佳，故名六安瓜片。色翠绿，香清高，味甘鲜，耐冲泡。因最先源于金寨县的齐云山，故又名"齐云瓜片"。沏茶时雾气蒸腾，清香四溢，又有"齐山云雾瓜片"之称。齐云瓜片中又以齐云山蝙蝠洞所产瓜片为最佳。因为蝙蝠洞周围经常云集成千上万的蝙蝠，其粪便富含磷质，利于茶树生长，所以这里的瓜片最

为清甜可口。六安瓜片的成品，叶缘向背面翻卷，呈瓜子形，与其他绿茶大不相同。冲泡后，汤色翠绿明亮，香气清高，味甘鲜醇，还有清心明目、提神、通窍散风之功效。按采制季节，六安瓜片可分为三个品种：谷雨前采制的称"提片"，品质最优；其后采制的大宗产品称"瓜片"；进入梅雨季节，鲜叶粗老，品质较差，称"梅片"。

信阳毛尖

产于河南信阳车云山，是中国著名的内销绿茶，以其原料细嫩、制工精巧、形美、香高、味长而闻名。信阳毛尖外形细、圆、紧、直、多白毫，一般为一芽一叶或一芽二叶。风格独特，质香气清高，汤色明净，滋味醇厚，叶底嫩绿；饮后回甘生津，冲泡四五次，尚保持有熟栗子的香味。1915年在巴拿马万国博览会上，信阳毛尖获名茶优质奖状。

卢仝制茶图

弃"浓"择"淡"

——饮茶学问

中国传统医药学认为，不同品种、不同产地的茶叶，其寒、温、甘、苦等茶性也不同。中国大部分地区是季风气候，四季极为分明，春天温暖、夏天炎热、秋天凉爽、冬天寒冷。如能根据茶叶的性能功效，随季节变化选择不同的茶叶品种，更能发挥茶叶的保健作用。

春天，万物复苏，生机勃勃，整个自然界充满了生机。人体和大自然一样，正处于抒发之际，但美中不足的是，人们时常感到困倦乏力，即所谓的春困现象。俗话说，一年之计在于春，精神焕发才能使一年有好的开始，此时适宜饮花茶提神，如茉莉花茶和桂花茶等。因为花茶味甘凉，且具芳香辛散之气，有利于散发积聚在人体内的冬季寒邪，促进体内阳气生发。花茶是集茶味之美、鲜花之香于一体的茶中珍品，"花引茶香，相得益彰"，其香气浓烈，爽而不浊，可令人精神振奋，提高人体机能效率，有消除春困的作用。因此，中医认为，春天适宜喝花茶。

夏天，骄阳高照，气候炎热，人体内津液消耗大，容易精神不振，此时宜饮龙井、毛峰、碧螺春等绿茶。因为绿茶属未发酵类茶，茶味略苦，性寒，具有消热、消暑、解毒、去火、降燥、止渴、生津、强心提神的功能。此外，绿茶富含维生素、氨基酸、矿物质等营养成分，还具有降血脂、防血管硬化等药用价值。其茶汤清鲜爽口，香气清幽，滋味甘香，略带苦寒味，夏日常饮，能清热解暑，强身益体。

秋天，花木凋落，金风萧瑟，气候干燥，人容易感到口干舌燥、嘴唇干裂，这时宜饮用铁观音等青茶。青茶又称乌龙茶，属半发酵茶，介于绿茶和红茶之间，既

隔夜茶不能喝

茶叶内含有大量的蛋白质，大部分不溶于热水，残留在茶叶中。水温高时，茶叶中的蛋白质会腐烂，放置一晚后，便会生成一种霉菌。此外，茶叶中还残留大量的丹宁酸。丹宁酸经氧化后，会变成具有刺激性的氧化物，刺激肠胃，引发炎症。所以，隔夜茶特别是变味了的茶不宜饮用。

有绿茶的清香，又有红茶的醇厚。茶性不寒不热，适合秋天气候，常饮能润肤、益肺、生津、润喉，并有效清除体内余热，恢复津液。其叶片色泽青褐，冲泡后可看到叶片中间呈青色，叶缘呈红色，素有"青叶红镶边"之美称。

冬天，天气寒冷，万物蛰伏，寒气较重，人体生理功能减退，阳气渐弱，对能量与营养要求较高，此时宜喝祁红、滇红等红茶。红茶干茶呈黑色，冲泡后叶红汤红，醇厚甘温，可加入奶、糖作调味料，茶香不改。红茶属全发酵茶，性甘温，且含有丰富的蛋白质和糖分，饮之可生热暖腹，善蓄阳气，御寒保暖，提高抗病能力。因此，中医认为："时届寒冬，万物生机闭藏，人的机体生理活动处于抑制状态。养生之道，贵乎御寒保暖。"此外，冬季人们进食油腻食品增多，饮用红茶还可去油腻、开胃口、助养生。可见，冬天喝茶以红茶为上品是有医学依据的。

饮茶除了四季有别外，从茶叶营养角度来讲，不同的人群在饮茶时还要注意不同的问题。中国目前茶叶的主要消费群体是老年人，一般说来，未经高温炒烤和混有添加物的绿茶，较适合老年人饮用，因为从总体上看，此类绿茶在降脂、抗癌方面的作用更为明显。

此外，老年人还可根据病情和体质，配制适合自己的药茶。例如，如果血脂过高，可在茶叶中加入三七叶；如果气虚，可在茶叶中加入人参片；如果经常口干舌燥，可在茶叶中加入麦冬。由于老年人对咖啡碱的耐受能力较弱，要特别注意饮茶的时间。早上起来，不能空腹喝茶，最好用牛奶、豆浆等饮品代替；吃完早餐后半小时，喝茶能提神；中午吃完饭后，可喝淡茶；晚饭后则不能再喝茶，避免过于兴奋而影响睡眠质量。

女性也是重要的茶叶消费群体。由于体质的特殊性，女性在非常时期一般不适宜喝茶。例如，处于行经期时，女性应该多吃富含铁的食品以补血，而茶叶中的鞣酸会和食物中的铁分子结合，产生沉淀，影响食物的补血作用；处于妊娠期时，茶叶中的咖啡碱会使孕妇的心跳加速，增加妊娠中毒的危险性；处于临产期时，咖啡碱会导致心悸、失眠，使孕妇感到精神疲劳；处于哺乳期时，由于鞣酸有收敛的作用，会抑制乳腺分泌。因此，女

饭后忌立即喝茶

食物要在各种酶和胃酸的作用下，才能转化成人体可以吸收的营养物质。胃酸中含有浓度为0.5%的盐酸，如果饭后立即喝茶，茶叶中的碱质会和胃酸发生中和反应，同时水也会冲淡胃液，从而影响食物的消化，增加了胃的负担，长此下去，胃就会受到损害。一般来说，饭后一小时内不适宜喝茶。

煮茶图　明

性处于行经期、妊娠期、临产期、哺乳期等特殊时期，均不适宜喝茶。对于特别喜欢喝茶的女性来说，可以改用浓茶水漱口，能使口腔清爽舒适，改善精神状况。

俗话说："当家度日七件事，柴米油盐酱醋茶。"由此可见茶与人们生活的密切性。

茶可以提神醒脑、促进消化，有益于人体的健康。但如果所饮之茶过浓，就会对身体造成伤害。一般来说，如果经常性地大量饮用浓茶，容易出现身体不适。因为浓茶容易稀释胃液，影响消化，不利于人体对铁的吸收，会导致便秘甚至血压升高、心力衰竭等症状。因此，"淡茶养身，浓茶伤身"，饮茶应弃"浓"择"淡"。

中国自古以来就有"茶能解酒"的说法，现实生活中，很多人也常常以浓茶醒酒，将解酒当作是饮茶的重要功效。然而，科学研究表明，茶不仅不能解酒，反而还可能加重酒醉的症状。因为酒精对心血管有强烈的刺激性，而浓茶同样也具有兴奋心脏的作用，如果茶和酒一起刺激心脏，会对心脏造成损害。因此，以浓茶解酒的做法是不妥当的，如果要醒酒，可吃些水果，如苹果、柑橘之类，不然也可以喝果汁或糖水。

此外，以茶服药也是一种非常错误的做法，因为茶叶中的成分会和药物发生反应，降低药物的疗效。如治疗缺铁性贫血的枸橼淀酸铁、硫酸亚铁，所含的亚铁离子会和茶叶中的鞣酸发生沉淀，不仅妨碍铁的吸收，还会引起腹痛、便秘；含生物碱的药物，如阿托品、利血平、麻黄碱、可待因、元胡、黄连等，都可以和鞣酸发生沉淀，降低药物疗效；此外，茶叶中的咖啡碱对一些镇静药、镇咳药会有抵抗作用，影响疗效。

相映成趣，锦上添花

——美酒与美食

中华饮食文化中，人们喜欢在品尝美食的同时也品酌美酒，所谓"无酒不成席""无酒不成礼"。

中国的酒有五千年以上的悠久历史，形成了独特的风格。据古籍记载："仪狄始作酒醪，变五味。少康作秫酒。"人类最初酿酒，可能起因于谷物保管不善而发芽发霉，这种谷物烹熟后食之不尽，存放一段时间就自然酿成酒了。前人的之举，造就了这一美味的饮料。现在，中国的美酒更是享誉环球。从茅台、五粮液、剑南春、二锅头等知名白酒，到长城、张裕等葡萄酒，各种各样的美酒真是不可胜数，中国被誉为美食大国的同时也堪称酒国。

几千年来，中国人从来都离不开酒。酒以治病，酒以养老，酒以成礼，酒以成欢，酒以忘忧，酒以壮胆……中国人端午节饮"菖蒲酒"，重阳节饮"菊花酒"，除夕夜饮"年酒"。南方人女儿出嫁时还要饮"女儿酒"，结婚时要喝"喜酒"，入洞房要喝"交杯酒"……酒文化作为一种特殊的文化形式，在传统的中国文化中有其独特的地位。在几千年的文明史中，酒几乎渗透到社会生活中的各个领域。

中国历史上的文人，从"文王饮酒千钟，孔子百觚"的孔子，"众人皆醉我独醒"的屈原，"对酒当歌，人生几何"的曹操，归隐田园作《饮酒》诗二十首的陶渊明，"斗酒诗百篇"的李白，"白日放歌须纵酒，青春作伴好还乡"的杜甫，"诗吟两句神还王，酒饮三杯气尚粗"的白居易，"明月几时有，把酒问青天"的苏轼，一直到"满径蓬蒿老不华，举家食粥酒常赊"的曹雪芹……酒一直与名人同扬，名人与酒同醉。这些美食家们大都离不开美酒。

嗜酒如命的文人非魏晋时期文坛领袖、"竹林七贤"之一的刘伶莫属。刘伶是中国历代上当之无愧的"酒圣"，有关"刘伶醉酒"的传奇故事也最多。《古今辞典》一书，有一篇《刘伶明誓》的故事：一次刘伶馋酒馋得厉害，叫妻子预备，妻子生气，将酒壶、酒杯砸个稀烂，哭着劝他："你喝得太多了，为了健康，你该戒酒。"刘伶说:"夫人说的有道理,现在我要在鬼神面前发誓。"妻子一听,破涕为笑,以为他要痛改前非,便匆匆供上美酒佳肴。刘伶见酒肉供好,扑通一声跪倒在地,口中念念有词:"天生刘伶,以酒为名,一饮一斛,五斗解醒,女人之言,慎不可听。"说罢,端起供案上的酒一饮而尽,肉也大吃特吃,不一会儿醉倒在桌下,呼噜大作。

宋朝著名的美食家苏东坡作有《老饕赋》:"……蛤半熟而含酒,蟹微生而带糟。盖聚物之夭美,以养吾之老饕。婉彼姬姜,颜如李桃。弹湘妃之玉瑟,鼓帝子之云璈。命仙人之萼绿华,舞古曲之郁轮袍。引南海之玻黎,酌凉州之蒲萄。"文中特别提到蛤蜊要半熟时就着酒吃,蟹则要和着酒糟蒸,稍微生些吃。天下这些精美的食品,都是苏东坡所喜爱的。精美的筵席准备好后,还要有音乐与歌舞。而品味着精美的菜肴,最重要的是用珍贵的南海玻璃杯斟上葡萄美酒。在美食家苏东坡看来,精美的菜肴、优美的乐曲、侍女的舞姿,只有以葡萄美酒相配,才是真正的人生享受。

古代美食家们对美食与美酒已是如此的痴迷,而现代人对美酒如何配美食有

宴饮浮雕　四川泸州

中国的饮食文化源远流长,其中的酒文化更是精妙深奥。"无菜不成席,无酒不成宴",在中国多数地区,设宴必须备酒,并有一整套的敬酒、喝酒礼仪。可以说,酒在某种意义上已经成为中国文化不可分割的一部分,是中国人情怀所在。

更多的感悟。有佳肴衬托的美酒，就像天鹅绒上的钻石。在实际烹饪中，不同酒类与不同食物搭配相当讲究。依照口感来搭配是较为普遍的方式。一般来说，口感重的美食选择酒体较丰厚的酒来搭配，反之，口感清淡的美食最好配以清淡的酒。这样才能使美酒与美食在风格与特色上和谐统一。

以现在最常见的葡萄酒为例。红葡萄酒是烹饪红肉类（尤是牛肉）菜肴的最佳酒品，因为红酒的馥郁酒香正好能与牛肉的肥美肉味产生理想的效果，令汁液更为浓郁，肉香四溢。另外，红酒最好不要和鱼、蛋、蚝类等食物搭配，但若用于腌制和烹制野味，则能帮助去除膻味，增加野味的香味。白葡萄酒常用于海鲜类及鸡肉类等白肉类菜式，能掩盖海鲜的腥味，带出其鲜美的原味。当菜肴中有太多辣椒和椰浆时，应避免搭配葡萄酒。如果食物不是很辣，可依据菜肴中的成分选择香槟，或带点辛辣的白酒……

饮酒祝寿图轴　明　陈洪绶

图中做寿之人居中，头裹软巾，方面大耳，神情轩昂，两侧侍女抱匹捧罐而立，身后一仆从拄杖侍立，石案对面二人或卧于芭蕉叶上，举杯对饮，或坐于石凳上以杖撑身，另一手伸入水中。三人皆面红耳赤，呈现醉意，然各具姿态。

当然，美酒与美食搭配的艺术，在实践中也会不断地创新和改变。特别是不同人的口味不同，风格上也会有很大的不同。但美酒与美食自然和谐的搭配，总是会受到食客们的接受与欢迎的。

酒在数千年的中华饮食文化中书写下了不朽的篇章。美食离不开美酒，中国酒文化中的丰富内涵，也给我们的美食带来无穷的乐趣和享受。

过犹不及,适可而止

——喝酒与养生

酒,在人类文化的历史长河中,已不仅仅是一种客观的物质存在,而是一种文化象征,即酒神精神的象征。在中国,酒神精神以道家哲学为源头。庄周主张,物我合一、天人合一、齐一生死。庄周高唱绝对自由之歌,倡导"乘物而游""游乎四海之外""无何有之乡"。庄子宁愿做自由的在烂泥塘里摇头摆尾的乌龟,而不做受人束缚的昂首阔步的千里马。追求绝对自由、忘却生死利禄及荣辱,是中国酒神精神的精髓所在。

酒作为一种独特的物质,其产生和发展与生产力的发展有着密切的关系。在原始社会里,人类最初的饮酒行为虽然还不能称之为饮酒养生,但是与保健养生有着密切的联系。最初的酒是人类采集的野生水果在剩余的时候得到适宜条件自然发酵而成的,由于许多野生水果本身就具有药用价值,所以最初的酒可以称得上是天然的"保健酒",它对人体健康有一定的保护和促进作用。

酒有多种,其性味功效大同小异。一般而论,酒性温而味辛,温者能祛寒、疏导,辛者能发散、疏导,所以酒能疏通经脉、行气和血、蠲痹散结、温阳祛寒,能疏肝解郁、宣情畅意;酒为谷物酿造之精华,故还能补益肠胃。此外,酒能杀虫驱邪、辟恶逐秽。《博物志》有一段记载:王肃、张衡、马均三人冒雾晨行。一人饮酒,一人饮食,一人空腹;空腹者死,饱食者病,饮酒者健。这表明"酒势辟恶,胜于作食之效也"。

随着生活水平的提高,人们对健康的需求也越来越高,追求健康的方式也越来越多。保健酒作为一个全新的名词,正逐步走进人们的生活。其实,保健酒早在远古时期就已经出现,只是那时候它更多的是作为"药酒"被人们认知的。

酒与药物的结合是饮酒养生的一大进步。唐宋时期,药酒、补酒的酿造较为盛行。这期间的一些医药巨著如《备急千金要方》《太平圣惠方》《圣济总录》都收录了大量的药酒和补酒的配方和制法。唐宋时期，由于饮酒风气浓厚，社会上酗酒者也渐多，解酒、戒酒似乎也很有必要，故在这些医学著作中，解酒、戒酒方也应运而生。在上述四部书中这方面的药方多达 100 余例。唐宋时期的药酒配方中，用药味数较多的复方药酒所占的比重明显提高，这是当时的显著特点。复方的增多表明药酒制备整体水平的提高。唐宋时期，药酒的制法有酿造法、冷浸法和热浸法。

酒之于药主要有三个方面的作用：

1.酒可以行药势。古人谓"酒为诸药之长"。酒可以使药力外达于表而上至于颠，使理气行血药物的作用得到较好的发挥，也能使滋补药物补而不滞。

2.酒有助于药物有效成分的析出。酒是一种良好的有机溶媒，大部分水溶性物质及水不能溶解、需用非极性溶媒溶解的某些物质，均可溶于酒精之中。中药的多种成分都易于溶解于酒精之中。酒精还有良好的通透性，能够较容易地进入药材组织细胞中，发挥溶解作用，促进置换和扩散，有利于提高浸出速度和浸出效果。

3.酒还有防腐作用。一般药酒都能保存数月甚至数年时间而不变质，这就给饮酒养生者以极大的便利。

但是要做到科学饮酒须注意从以下几方面加以注意：

1.饮量适度，切忌过量饮酒。

2.适当的饮酒时间，一般认为酒不可夜饮。

3.饮酒温度：在这个问题上，一些人主张冷饮，而也有一些人主张温饮。主张冷饮的人认为，酒性本热，如果热饮，其热更甚，易于损胃。如果冷饮，则以冷制热，无过热之害。但清人徐文弼则提倡温饮，他说酒"最宜温服""热饮伤肺""冷饮伤脾"。比较折中的观点是酒虽可温饮，但不要热饮。至于冷饮温饮何者适宜，这可随具体情况的不同而有所区别对待。

4.坚持饮用：任何养生方法的实践都要持之以恒，久之乃可受益，饮酒养生亦然。

名家论吃

泡茶馆
——汪曾祺

"泡茶馆"是联大学生特有的语言。本地原来似无此说法，本地人只说"坐茶馆"。"泡"是北京话。其含义很难准确地解释清楚。勉强解释，只能说是持续长久地沉浸其中，像泡泡菜似的泡在里面。"泡蘑菇"、"穷泡"，都有长久的意思。北京的学生把北京的"泡"字带到了昆明，和现实生活结合起来，便创造出一个新的语汇。"泡茶馆"，即长时间地在茶馆里坐着。本地的"坐茶馆"也含有时间较长的意思。到茶馆里去，首先是坐，其次才是喝茶（云南叫吃茶）。不过联大的学生在茶馆里坐的时间往往比本地人长，长得多，故谓之"泡"。

有一个姓陆的同学，是一怪人，曾经徒步旅行半个中国。这人真是一个泡茶馆的冠军。他有一个时期，整天在一家熟识的茶馆里泡着。他的盥洗用具就放在这家茶馆里。一起来就到茶馆里去洗脸刷牙，然后坐下来，泡一碗茶，吃两个烧饼，看书。一直到中午，起身出去吃午饭。吃了饭，又是一碗茶，直到吃晚饭。晚饭后，又是一碗，直到街上灯火阑珊，才夹着一本很厚的书回宿舍睡觉。

昆明的茶馆共分几类，我不知道。大别起来，只能分为两类，一类是大茶馆，一类是小茶馆。正义路原先有一家很大的茶馆，楼上楼下，有几十张桌子。都是荸荠紫漆的八仙桌，很鲜亮。因为在热闹地区，坐客常满，人声嘈杂。所有的柱子上都贴着一张很醒目的字条："莫谈国事"。时常进来一个看相的术士，一手捧一个六寸来高的硬纸片，上书该术士的大名（只能叫做大名，因为往往不带姓，不能叫"姓名"；又不能叫"法名"、"艺名"，因为他并未出家，也不唱戏），一只手捏着一根纸媒子，在茶桌间绕来绕去，嘴里念说着"送看手相不要钱"！"送看手相不要钱"——他手里这根媒子即是看手相时用来指示手纹的。

这种大茶馆有时唱围鼓。围鼓即由演员或票友清唱。我很喜欢"围鼓"这个词。唱围鼓的演员、票友好像不是取报酬的。只是一群有同好的闲人聚拢来唱着玩。但茶馆却可借来招揽顾客，所以茶馆便于闹市张贴告条："某月日围鼓"。到这样的茶馆里来一边听围鼓，一边吃茶，也就叫做"吃围鼓茶"。"围鼓"这个词大概是从四川来的，但昆明的围鼓似多唱滇剧。我在昆明七年，对滇剧始终没有入门。只记得不知什么戏里有一句唱词"孤王头上长青苔"。孤王的头上如何会长青苔呢？这个设想实在是奇，因此一听就永不能忘。

我要说的不是那种"大茶馆"。这类大茶馆我很少涉足，而且有些大茶馆，包括正义路那家兴隆鼎盛的大茶馆，后来大都陆续停闭了。我所说的是联大附近的茶馆。

从西南联大新校舍出来，有两条街，凤翥街和文林街，都不长。这两条街上至少有不下十家茶馆。

从联大新校舍，往东，折向南，进一座砖砌的小牌楼式的街门，便是凤翥街。街角右手第一家便是一家茶馆。这是一家小茶馆，只有三张茶桌，而且大小不等，形状不一的茶具也是比较粗糙的，随意画了几笔兰花的盖碗。除了卖茶，檐下挂着大串大串的草鞋和地瓜（即湖南人所谓的凉薯），这也是卖的。张罗茶座的是一个女人。这女人长得很强壮，皮色也颇白净。她生了好些孩子。身边常有两个孩子围着她转，手里还抱着一个孩子。她经常敞着怀，一边奶着那个早该断奶的孩子，一边为客人冲茶。她的丈夫，比她大得多，状如猿猴，而目光锐利如鹰。他什么事情也不管，但是每天下午却捧着一个大碗喝牛奶。这个男人是一头种畜。这情况使我们颇为不解。这个白皙强壮的妇人，只凭一天卖几碗茶，卖一点草鞋、地瓜，怎么能喂饱了这么多张嘴，还能供应一个懒惰的丈夫每天喝牛奶呢？怪事！中国的妇女似乎有一种天授的惊人的耐力，多大的负担也压不垮。

由这家往前走几步，斜对面，曾经开过一家专门招徕大学生的新式茶馆。这家茶馆的桌椅都是新打的，涂了黑漆。堂倌系着白围裙。卖茶用细白瓷壶，不用盖碗（昆明茶馆卖茶一般都用盖碗）。除了清茶，还卖沱茶、香片、龙井。本地茶客从门外过，伸头看看这茶馆的局面，再看看里面坐得满满的大学生，就会挪步另走一家了。这家茶馆没有什么值得一记的事，而且开了不久就关了。联大学生至今还记得这家茶馆是因为隔壁有一家卖花生米的。这家似乎没有男人，站柜卖货是姑嫂两人，都还年轻，成天涂脂抹粉。尤其是那个小姑子，见人走过，辄作媚笑。联大学生叫她花生西施。这西施卖花生米是看人行事的。好看的来买，就给得多。难看的给得少。因此我们每次买花生米都推选一个挺拔英俊的"小生"去。

再往前几步,路东,是一个绍兴人开的茶馆。这位绍兴老板不知怎么会跑到昆明来,又不知为什么在这条小小的凤翥街上来开一爿茶馆。他至今乡音未改。大概他有一种独在异乡为异客的情绪,所以对待从外地来的联大学生异常亲热。他这茶馆里除了卖清茶,还卖一点芙蓉糕、萨其玛、月饼、桃酥,都装在一个玻璃匣子里。我们有时觉得肚子里有点缺空而又不到吃饭的时候,便到他这里一边喝茶一边吃两块点心。有一个善于吹口琴的姓王的同学经常在绍兴人茶馆喝茶。他喝茶,可以欠账。不但喝茶可以欠账,我们有时想看电影而没有钱,就由这位口琴专家出面向绍兴老板借一点。绍兴老板每次都是欣然地打开钱柜,拿出我们需要的数目。我们于是欢欣鼓舞,兴高采烈,迈开大步,直奔南屏电影院。再往前,走过十来家店铺,便是凤翥街口,路东路西各有一家茶馆。

路东一家较小,很干净,茶桌不多。掌柜的是个瘦瘦的男人,有几个孩子。掌柜的事情多,为客人冲茶续水,大都由一个十三四岁的大儿子担任,我们称他这个儿子为"主任儿子"。街西那家又脏又乱,地面坑洼不平,一地的烟头、火柴棍、瓜子皮。茶桌也是七大八小,摇摇晃晃,但是生意却特别好。从早到晚,人坐得满满的。也许是因为风水好。这家茶馆正在凤翥街和龙翔街交接处,门面一边对着凤翥街,一边对着龙翔街,坐在茶馆,两条街上的热闹都看得见。到这家吃茶的全部是本地人,本街的闲人、赶马的"马锅头"、卖柴的、卖菜的。他们都抽叶子烟。要了茶以后,便从怀里掏出一个烟盒——圆形,皮制的,外面涂着一层黑漆,打开来,揭开覆盖着的菜叶,拿出剪好的金堂叶子,一支一支地卷起来。茶馆的墙壁上张贴、涂抹得乱七八糟。但我却于西墙上发现了一首诗,一首真正的诗:

记得旧时好,
跟随爹爹去吃茶。
门前磨螺壳,
巷口弄泥沙。

是用墨笔题写在墙上的。这使我大为惊异了。这是什么人写的呢?

第八章 清茶老酒的醇芳

每天下午,有一个盲人到这家茶馆来说唱。他打着扬琴,说唱着。照现在的说法,这应是一种曲艺,但这种曲艺该叫什么名称,我一直没有打听着。我问过"主任儿子",他说是"唱扬琴的",我想不是。他唱的是什么?我有一次特意站下来听了一会儿,是:

……
良田美地卖了,
高楼大厦拆了,
娇妻美妾跑了,
狐皮袍子当了
……

我想了想,哦,这是一首劝戒鸦片的歌,他这唱的是鸦片烟之为害。这是什么时候传下来的呢?说不定是林则徐时代某一忧国之士的作品。但是这个盲人只管唱他的,茶客们似乎都没有在听,他们仍然在说话,各人想自己的心事。到了天黑,这个盲人背着扬琴,点着马杆,踽踽地走回家去。我常常想:他今天能吃饱么?

进大西门,是文林街,挨着城门口就是一家茶馆。这是一家最无趣味的茶馆。茶馆墙上的镜框里装的是美国电影明星的照片,蓓蒂·黛维丝、奥丽薇·德·哈弗兰、克拉克·盖博、泰伦宝华……除了卖茶,还卖咖啡、可可。这家的特点是:进进出出的除了穿西服和麂皮夹克的比较有钱的男同学外,还有把头发卷成一根一根香肠似的女同学。有时到了星期六,还开舞会。茶馆的门关了,从里面传出《蓝色的多瑙河》和《风流寡妇》舞曲,里面正在"嘣嚓嚓"。

和这家斜对着的一家,跟这家截然不同。这家茶馆除卖茶,还卖煎血肠。这种血肠是牦牛肠子灌的,煎起来一街都闻见一种极其强烈的气味,说不清是异香还是奇臭。这种西藏食品,那些把头发卷成香肠一样的女同学是绝对不敢问津的。

由这两家茶馆往东,不远几步,面南便可折向钱局街。街上有一家老式的茶馆,楼上楼下,茶座不少。说这家茶馆是"老式"的,是因为茶馆备有烟筒,可以租用。一段青竹,旁安一个粗如小指半尺长的竹管,一头装一个带爪的莲蓬嘴,这便是"烟筒"。在莲蓬嘴里装了烟丝,点以纸媒,把整个嘴埋在筒口内,尽力猛吸,筒内的水咚咚作响,浓烟便直灌肺腑,顿时觉得浑身通泰。吸烟筒要有点功夫,不会吸的吸不出烟来。茶馆的烟筒比家用的粗得多,高齐桌面,吸完就靠在桌腿边,吸时尤需底气充足。这家茶馆门前,有一个小摊,卖酸角(不知什么树上结的,形状有点像皂荚,极酸,入口使人攒眉)、拐枣(也是树上结的,应该算是果子,状如鸡爪,一疙瘩一疙瘩的,有的地方即叫做鸡脚爪,味道很怪,像红糖,又有点像甘草)和泡梨(糖梨泡在盐水里,梨味本是酸甜的,昆明人却偏于盐水内泡而食之。泡梨仍有梨香,而梨肉极脆嫩)。过了春节则有人于门前卖葛根。葛根是药,我过去只在中药铺见过,切成四方的棋子块儿,是已经经过加工的了,原物是什么样子,我是在昆明才见到的。这种东西可以当零食来吃,我也是在昆明才知道。一截葛根,粗如手臂,横放在一块板上,外包一块湿布。给很少的钱,卖葛根的便操起有点像北京切涮羊肉的肉片用的那种薄刃长刀,切下薄薄的几片给你。雪白的。嚼起来有点像干瓢的生白薯片,而有极重的药味。据说葛根能清火。联大的同学大概很少人吃过葛根。我是什么奇奇怪怪的东西都要买一点尝一尝的。

  大学二年级那一年,我和两个外文系的同学经常一早就坐在这家茶馆靠窗的一张桌边,各自看自己的书,有时整整坐一上午,彼此不交语。我这时才开始写作,我的最初几篇小说,即是在这家茶馆里写的。茶馆离翠湖很近,从翠湖吹来的风里,时时带有水浮莲的气味。

  回到文林街。文林街中,正对府甬道,后来新开了一家茶馆。这家茶馆的特点一是卖茶用玻璃杯,不用盖碗,也不用壶。不卖清茶,卖绿茶和红茶。红茶色如玫瑰,绿茶苦如猪胆。第二是茶桌较少,且覆有玻璃桌面。在这样桌子上打桥牌实在是再适合不过了,因此到这家茶馆来喝茶的,大都是来打桥牌的,这茶馆实在是一个桥牌俱乐部。联大打桥牌之风很盛。有一个姓马的同学每天到这里打桥牌。解放后,我才知道他是老地下党员,昆明学生运动的领导人之一。学生运动搞得那样热火朝天,他每天都只是很闲在,很热衷地在打桥牌,谁也看不出他和学生运动有什么关系。

  文林街的东头,有一家茶馆,是一个广东人开的,字号就叫"广发茶社"——

昆明的茶馆我记得字号的只有这一家，原因之一，是我后来住在民强巷，离广发很近，经常到这家去。原因之二是——经常聚在这家茶馆里的，有几个助教、研究生和高年级的学生。这些人多多少少有一点玩世不恭。那时联大同学常组织什么学会，我们对这些俨乎其然的学会微存嘲讽之意。有一天，广发的茶友之一说："咱们这也是一个学会——广发学会！"这本是一句茶余的笑话。不料广发的茶友之一，解放后，在一次运动中被整得不可开交，胡乱交待问题，说他曾参加过"广发学会"。这就惹下了麻烦。几次有人专程到北京来外调"广发学会"问题。被调查的人心里想笑，又笑不出来，因为来外调的政工人员态度非常严肃。广发茶馆代卖广东点心。所谓广东点心，其实只是包了不同味道的甜馅的小小的酥饼，面上却一律贴了几片香菜叶子，这大概是这一家饼师的特有的手艺。我在别处吃过广东点心，就没有见过面上贴有香菜叶子的——至少不是每一块都贴。

或问：泡茶馆对联大学生有些什么影响？答曰：第一，可以养其浩然之气。联大的学生自然也是贤愚不等，但多数是比较正派的。那是一个污浊而混乱的时代，学生生活又穷困得近乎潦倒，但是很多人却能自许清高，鄙视庸俗，并能保持绿意葱茏的幽默感，用来对付恶浊和穷困，并不颓丧灰心，这跟泡茶馆是有些关系的。第二，茶馆出人才。联大学生上茶馆，并不是穷泡，除了瞎聊，大部分时间都是用来读书的。联大图书馆座位不多，宿舍里没有桌凳，看书多半在茶馆里。联大同学上茶馆很少不夹着一本乃至几本书的。不少人的论文、读书报告，都是在茶馆写的。有一年一位姓石的讲师的《哲学概论》期终考试，我就是把考卷拿到茶馆里去答好了再交上去的。联大八年，出了很多人才。研究联大校史，搞"人才学"，不能不了解了解联大附近的茶馆。第三，泡茶馆可以接触社会。我对各种各样的人、各种各样的生活都发生兴趣，都想了解了解，跟泡茶馆有一定关系。如果我现在还算一个写小说的人，那么我这个小说家是在昆明的茶馆里泡出来的。

饮酒

——梁实秋

酒实在是妙。几杯落肚之后就会觉得飘飘然、醺醺然。平素道貌岸然的人，也会绽出笑脸；一向沉默寡言的人，也会议论风生。再灌下几杯之后，所有的苦闷烦恼全都忘了，酒酣耳热，只觉得意气飞扬，不可一世，若不及时知止，可就难免玉山颓欹，剔吐纵横，甚至撒疯骂座，以及种种的酒失酒过全部的呈现出来。莎士比亚的《暴风雨》里的卡力班，那个象征原始人的怪物，初尝酒味，觉得妙不可言，以为把酒给他喝的那个人是自天而降，以为酒是甘露琼浆，不是人间所有物。美洲印第安人初与白人接触，就是被酒所倾倒，往往不惜举土地界人以交换一些酒浆。印第安人的衰灭，至少一部分是由於他们的荒腆于酒。

我们中国人饮酒，历史久远。发明酒者，一说是仪狄，又说是杜康。仪狄夏朝人，杜康周朝人，相距很远，总之是无可稽考。也许制酿的原料不同、方法不同，所以仪狄的酒未必就是杜康的酒。尚书有"酒诰"之篇，谆谆以酒为戒，一再的说"祝兹酒"（停止这样的喝酒），"无彝酒"（勿常饮酒），想见古人饮酒早已相习成风，而且到了"大乱丧德"的地步。三代以上的事多不可考，不过从汉起就有酒榷之说，以后各代因之，都是课税以裕国帑，并没有寓禁於征的意思。酒很难禁绝，美国一九二〇年起实施酒禁，雷厉风行，依然到处都有酒喝。当时笔者道出纽约，有一天友人邀我食于某中国餐馆，入门直趋后室，索五加皮，开怀畅饮。忽警察闯入，友人止予勿惊。这位警察徐徐就座，解手枪，锵然置于桌上，索五加皮独酌，不久即伏案酣睡。一九三三年酒禁废，直如一场儿戏。民之所好，非政令所能强制。在我们中国，汉萧何造律："三人以上无故群饮，罚金四两。"此律不曾彻底实行。事实上，酒楼妓馆处处笙歌，无时不飞觞醉月。文人雅士水边修禊，山上登高，一向离不开酒。名士风流，以为持螯把酒，便足了一生，甚至于酗饮无度，扬言"死便埋我",好像大量饮酒不是什么不很体面的事,真所谓"酗于酒德"。

对于酒,我有过多年的体验。第一次醉是在六岁的时候,侍先君饭於致美斋(北平煤市街路西)楼上雅座,窗外有一棵不知名的大叶树,随时簌簌作响。连喝几盅之后,微有醉意,先君禁我再喝,我一声不响站立在椅子上舀了一匙高汤,泼在他的一件两截衫上。随后我就倒在旁边的小木园上呼呼大睡,回家之后才醒。我的父母都喜欢酒,所以我一直都有喝酒的机会。"酒有别肠,不必长大",语见《十国春秋》,意思是说酒量的大小与身体的大小不必成正比例,壮健者未必能饮,瘦小者也许能鲸吸。我小时候就是瘦弱如一根绿豆芽。酒量是可以慢慢磨练出来的,不过有其极限。我的酒量不大,我也没有亲见过一般人所艳称的那种所谓海量。古代传说"文王饮酒千钟,孔子百觚",王充《论衡·语增篇》就大加驳斥,他说:"文王之身如防风之君,孔子之体如长狄之人,乃能堪之。"且"文王孔子率礼之人也",何至於醉酗乱身?就我孤陋的见闻所及,无论是"青州从事"或"平原督邮",大抵白酒一斤或黄酒三五斤即足以令任何人头昏目眩粘牙倒齿。惟酒无量,以不及於乱为度,看各人自制力如何耳。不为酒困,便是高手。

酒不能解忧,只是令人在由兴奋到麻醉的过程中暂时忘怀一切。即刘伶所谓"无思无虑,其乐陶陶"。可是酒醒之后,所谓"忧心如醒",那份病酒的滋味很不好受,所付代价也不算小。我在青岛居住的时候,那地方背山面海,风景如绘,在很多人心目中是最理想的卜居之所,惟一缺憾是很少文化背景,没有古迹耐人寻味,也没有适当的娱乐。看山观海,久了也会腻烦,於是呼朋聚饮,三日一小饮,五日一大宴,豁拳行令,三十斤花雕一坛,一夕而罄。七名酒徒加上一位女史,正好八仙之数,乃自命为酒中八仙。有时且结伙远征,近则济南,远则南京、北京,不自谦抑,狂言"酒压胶济一带,拳打南北二京",高自期许,俨然豪气干云的样子。当时作践了身体,这笔帐日后要算。一日,胡适之先生过青岛小憩,在宴席上看到八仙过海的盛况大吃一惊,急忙取出他太太给他的一个金戒指,上面镌有"戒"字,戴在手上,表示免战。过后不久,胡先生就写信给我说:"看你们喝酒的样子,就知道青岛不宜久居,还是到北京来吧!"我就到北京去了。现在回想当年酗酒,哪里算得是勇,直是狂。

酒能削弱人的自制力，所以有人酒后狂笑不置，也有人痛哭不已，更有人口吐洋语滔滔不绝，也许会把平夙不敢告人之事吐露一二，甚至把别人的隐私也当众抖露出来。最令人难堪的是强人饮酒，或单挑，或围剿，或投下井之石，千方百计要把别人灌醉，有人诉诸武力，捏着人家的鼻子灌酒！这也许是人类长久压抑下的一部分兽性之发泄，企图获取胜利的满足，比拿起石棒给人迎头一击要文明一些而已。那咄咄逼人的声嘶力竭的豁拳，在赢拳的时候，那一声拖长了的绝叫，也是表示内心的一种满足。在别处得不到满足，就让他们在聚饮的时候如愿以偿吧！只是这种闹饮，以在有隔音设备的房间里举行为宜，免得侵扰他人。

《菜根谭》所谓"花看半开，酒饮微醺"的趣味，才是最令人低徊的境界。

第九章 对健康的永恒追求

崇尚健康，回归自然

——食素有理

素食是人类饮食文化中非常重要的组成部分，尤其是在与健康和传统饮食文化的结合上面，素食更是走在了其他饮食方式的前端。在当今社会，素食已经成为了一种潮流，越来越多的人为了健康而选择吃素，也有些人出于对动物的爱护放弃了食肉。总之，食素者的队伍在不断扩大，而且还有进一步扩大的趋势。

素食起源于何时并没有确切的记载，但可以基本确定的是，人类最初就是食素的。包括达尔文在内的很多科学家都认为，早期的人类是以蔬菜和水果为生的。人类是由猿进化而来的，我们都知道猿是食素的，因此可以推想最初的人类应该也是食素的。在没有自己动手制造工具之前，人类是不具备食肉的条件的，因为人类在外形和攻击力上都不占据优势，仅凭自己的力量根本就捕获不到猎物，连猎物都捕杀不了，又怎么可能食肉呢？除了对原始人类生活的推想，人类食素还有生理及心理方面的证据。

从生理结构上看，人类的消化系统与以果类为主要食物的动物非常接近，与食草动物也较为接近，但与食肉动物却相差很大。人类本来是不适合吃肉的，但在冰河时期，植物数量大大减少，人类的食物来源也大大减少，在生存压力下，人类才开始被迫食肉。但人类的消化系统显然是不适应食肉的，所以人们开始用火烤、煮食物。如果人类天生就是食肉动物，是不可能不适应生肉的。现代人因为饮食而引起的疾病特别多，其实就是人类的生理机制不适应肉食的缘故。

从心理反应上看，人类对于第一次参与屠杀动物都有本能性的不适应，第一次食用自己屠杀的动物也会有不适感，而食肉动物则没有这样的不适，因为它们一直都是这样生活的。一位心理学家曾说："当一只猫闻到生肉的味道，它马上会口流涎水，如果闻到水果的味道则完全没有这种反映。如果人类扑杀小鸟，用牙齿撕下它那仍在抖动的肢体，吸吮它那热乎乎的鲜血而感到愉快的话，那么我们可以推断人类生来就有食肉的本能。事实与此相反。从另一方面看，一串新鲜的葡萄会使人们垂涎欲滴，即使此时他并没有饥饿感，因为水果的滋味是如此甜美。人们对水果的心理反应是人类具有食素本能的例证。"

由此看来，无论是生理结构还是心理反应，都可以证明人类最初是食素的，现代人食素不过是回归人类的自然食性罢了。因为人类的生理结构本来就是适应素食的，因此食素对健康十分有益，食素者很少罹患高血压、糖尿病等疾病就是很好的证明。"素食"一词最早见于《诗经·伐檀》的"彼君子兮，不素食兮"，但这里的素食与我们今天所说的素食并不是一个意思，当时的素食是指"白吃饭"。与今天同义的素食出自《礼仪·丧服》："既练，舍外寝，始食菜果，饭素食。"

虽然人类最初是食素的，但在很早以前就已经变成杂食动物了。不过在古代社会，仍然有不少食素者，只是在这些食素者中，有些是主动食素的，而有些则是被动食素的。在那个物产匮乏的年代，人们对自己的饮食并没有什么选择权，基本上是有什么吃什么，很多人甚至食不果腹，过着饥一顿饱一顿的生活。所以说，素食对有些人来说可能是一种无奈的选择。比如说在以种植业为主的周代，由于牲畜的总量有限，因此人食肉的机会也就十分有限，当时还有"诸侯无故不杀牛，大夫无故不杀羊，士无故不杀犬豕，庶人无故不食珍"的礼制要求。在这种社会背景下，庶人也就只能吃素了。

有些人是因为没有选择而被迫食素，也有些人是自己选择了素食。从有什么吃

现代社会,人们越来越热衷于健康饮食。因此,能够保持健康,又能摄入足够营养的绿色、天然素食越来越受人们青睐。

什么到自主选择食物的原料,这种转变其实是人类文明的一种进步。主动食素与人们的宗教意识有很大的关系。在那个混沌蒙昧的时期,人们对很多自然现象都感到惊恐和惧怕,他们需要得到神灵的护佑,于是便产生了各种各样的祭祀活动。每当祭祀之前,人们都要进行斋戒,以示庄敬。《孟子》有云:"虽有恶人,斋戒沐浴,则可以祀上帝。"斋戒的内容包括沐浴净身,不饮酒,不吃荤,使自己的内心保持清净。这是最早的主动食素。

除了祭祀,古代人在守丧的时候也有食素的习惯,这是用虐待自己身体的方式来表达对逝者的怀念与感恩。当父母仙逝以后,子女通常都要守孝吃素,否则就是不孝的表现。汉昭帝死后,昌邑王刘贺被立为太子,可他不肯为汉昭帝守孝吃素,毫无半点儿哀色,继续在宫中吃喝玩乐,结果终被废去太子之位。儒家理论主张尊重生命,不仅对君父,即使对一般生命的消失,也要表示哀戚。此外,儒家理论还认为吃素可以磨炼人的意志,他们倡导的"布衣蔬食"其实是一种自律的行为。

在素食者中,佛门弟子是一个庞大的群体。佛家以慈悲为怀,主张众生平等,因此是杜绝杀生的。很多人都知道和尚吃素,其不知最初的和尚也是吃肉的。在佛教的原产地天竺,僧侣都是以乞食为生的,因此很难对食物的种类做出规定,在佛经《戒律广本》中,也没有吃素的规定。此外,佛教的教派很多,不同教派对饮食的要求也不尽相同。

　　佛教最早传入中国时，当时的和尚并不戒荤腥，中国的佛教徒吃素是从南朝梁武帝时开始的。梁武帝是虔诚的佛教徒，他以身作则，大力提倡素食，并写了六首《断酒肉文》，用以说明食素的必要。他甚至还动用"王法"，惩罚那些不食素的佛教教徒。在梁武帝的大力提倡下，绝大多数佛教教派和教徒都认可了素食，但并没有得到普遍的遵守。到北宋时，食素成为了佛教制度化的规定，并一直沿袭到现在。佛教吃素的规定也影响了社会上的一般信徒，很多人即使做不到每天都食素，也要选择几个斋日，比如每月吃六天素、八天素，等等。

　　除了佛教徒，很多动物保护者也都是食素的。在他们看来，杀害动物是一件很残忍的事，所有动物的生死都应该由大自然来决定，人类没有权力结束其他动物的生命。没有食用就没有杀害，如果所有人都不吃肉，那么动物们也就得到了保护。当然，不管怎么说，要让所有人都回到最原始的食素状态已经不太现实了，即使是食素者，也不再是完全素食，在他们的饮食中，除了蔬菜水果之外，还有牛奶、蛋类等高蛋白食品。

　　从古至今，不管是出于何种目的而食素，都推动了素食菜肴的发展，素菜也成了中国饮食文化中不可缺少的组成部分。历史上有很多著名的素菜，也有很多素菜菜谱传世，到清代，素菜的发展进入鼎盛时期，当时的宫廷御膳房还专门设有"素局"。素菜虽然以各种蔬菜为原料，但却可以烹制出各种荤菜的味道。因为素菜的健康美味，很多非素食者也常常光顾街头的素菜馆，还有人专门到寺院去品尝素斋。

　　食素可能有各种理由，但去品尝素菜却大多出于同样的目的，那就是追求健康和美味。

医食同源之妙

——巧用药膳

中国古老的医书《本草食医经》提出"食医同源""药膳同功"的精辟立论,千百年来,药膳一直都是中华民族饮食文化长河中的一支重要支流。药膳就是用中国传统的中药和食物相结合,变用药为用餐的饮食方式。它既是美味佳肴,又可健体强身,治疗沉疴,延年益寿。

药膳历史悠久,源远流长。远在西周时期,宫中就有"食医"官来专门掌管帝王的膳食。"食医"根据帝王的身体健康状况,调配膳食,在各种烹饪原料加入各种滋补强身的药材,一道道色香味俱佳的美馔药膳就这样进入了人们的日常饮食之中。

东汉末年,神医张仲景著《伤寒杂病论》一书,书中记载着猪肤汤、百合鸡子黄汤、当归生姜羊肉汤等典型的药膳名方。唐代名医孙思邈号称"药王",他极力推荐用药膳防病治病,指出"食能祛邪而安脏腑,悦神爽志以资气血""若能用食平疴,适性遣疾者,可谓良工,长年饵老之奇法,极养生之术也"。他的著作《千金方·食治》《养老食疗》中记载了许多著名的药膳名方。唐代著名的药膳著作还有昝殷编著的《食医心境》,书中记载药膳方211种,在品味佳肴的同时还可治疗多种疾病。

到了宋代,药膳食治更受大众的重视。北宋初年编订的《太平圣惠方》和《圣

济总录》两部宏著都有专章来介绍药膳食疗方。其中粥方、羹方、饭方、饼方、脍方等多种多样的药膳异常丰富。更可贵的是，宋代还有专为老年人写成的食疗专著，即陈直著的《养老奉亲书》。书中为老年人保健提供了许多食疗方，比西方的老年病学专著要早600多年。

元朝著名的太医忽思慧著有《饮膳正要》一书，书中介绍了药膳菜肴94种、汤类35种、抗衰老药膳处方29个，是中国传统饮食文化中有关药膳的经典之作。

明代，药膳学仍在发展，徐春甫著的《古今医统》一书中记有菜、汤、酒、醋、酱油、鲜果、酥饼、蜜饯等多种药膳。李时珍的的《本草纲目》、高濂著的《遵生八笺》等书中，对药膳的记载更为周详。

清代，药膳专著频出。沈李龙的《食物本草会纂》、王孟英的《随息居饮食谱》、费伯雄的《食鉴本草》、曹慈山的《老老恒言》等著作都对药膳有深层次上的研究。

注重养生保健的现代人更是对药膳非常热衷。"虫草鸭子""白果全鸡""黄芪炖鸡""米酒炒田螺""莲子猪肚""杜仲爆羊腰""百合粥""茯苓饼""山药糕"等药膳备受食客的青睐，市场上甚至出现了专营药膳的餐馆。独具特色的药膳饮食不仅在中国比比皆是，在外国也比较盛行，外国友人称其为保健品或健康食品。人参、枸杞、红花、薏苡、枇杷等中药在欧美食品中也是屡见不鲜。欧美市场上的菊花酒、竹叶酒、人参酒、枸杞酒、木瓜酒、橘皮茶、茯苓饼、八珍糕、松子糖、姜法糖等中药食品和饮品一直享有盛誉。

药膳原本不属于普通的膳食，而是中医食疗性膳食的一个组成部分。膳食的形式涉及各种菜肴、

羹汤、粥饭、膏滋、糕点、米面食品、酒类、饮料等，食品类型十分广泛。

药膳的选用有一定的要求，不能随意进补。

首先，药膳中的中药选用要谨慎。党参、枸杞子、人参、白附片等无毒性的中药才可用。药性猛烈、有毒的中药是绝不能用于药膳的。可以用于药膳的中药有山药、山楂、枸杞子、薏米、芡实、花椒、百合、木瓜、陈皮、砂仁、乌梅、肉豆蔻、白果、青果、沙棘、肉桂、罗汉果、决明子、菊花、薄荷、丁香、蝮蛇、苦杏仁、香薷、香橼、乌梢蛇、豆豉、干姜、红花、紫苏、甘草、白芷、莲子、赤小豆、桂圆肉、大枣、茯苓等。

其次，药膳的食用也要谨慎。要针对不同的病症、不同的病人、不同的气候季节等施用不同的药膳。如老年人多为肾虚、脾虚，药膳进补时女贞子、鳖鱼汤或黄芪炖鸡为最佳选择；荞麦人参面则对糖尿病患者有相当好的疗效。如果要用补肾养阴类的药膳，住在西北干冷严寒地区的人们药量可以适当加重一些，而在潮温闷热的东南地区，药量轻一些比较好。

中医讲究"天人相应"，自然界气候的变化对人体生理有相当重要的影响，不同的季节要食用不同的药膳。夏季天气火热干燥，不适宜大补，要清补，进食的药膳要解暑益气，如绿豆、南瓜、百合、莲子等均可食用。

药膳不是药，重要的是一个"膳"字。以食物为主，配以少量的药物，因此药膳没有过多的药物异味。药借食味，食味药性，变"良药苦口"为"良药可口"，是人们治疗顽疾、强身健体的极佳选择。药膳取药物之性，用食物之味，食借药力、药助食威，不仅具有可食性，更因具有保健性而受到人们的喜爱。

随着人们对健康的关注度日益提高，药膳将成为人们日常饮食中不可缺少的一部分。

不知食宜者，不足以存生

——科学饮食与养生保健

中国人好吃，在于中华美食的色香味，在于烹饪的艺术性；中国人会吃，则在于明了"民以食为天"，饮食在维持生命、促进健康、延年益寿。"美味享受、饮食养生"是中国人对美食的无限追求，中国人在千百年来的丰富饮食中，悟出了博大精深的饮食养生理论和文化，一言以蔽之，即"不知食宜者，不足以存生"。

人们饮食的根本目的在于使人气足、精充、神旺、健康长寿。可见，"医食同源""药膳同功"之说并非莫虚有。但饮食养生不同于饮食疗疾，饮食养生是通过饮食调理达到长寿健康的目的，不是治"已病"，而是治"未病"。这种治"未病"之法就是促进健康、预防疾病的养生之道。学者符中士说过："中国的传统饮食观，不存在营养的概念，只讲饮食养生。"

中国饮食养生的历史源远流长。千百年来，聪睿的中国人总结出了饮食养生的方方面面，特别是唐代孙思邈的《千金方·食治》《养老食疗》、元代忽思慧的《饮膳正要》、明代李时珍的《本草纲目》等皇皇巨著更是功不可没。饮食养生要"辨证施食""饮食有节"，多方面进行养生保健。

体健应重饮食。唐代药王孙思邈曾说："安身之本，必资于食……不知食宜者，不足以存生。"明代医学家李时珍更是强调："饮食者，人之命脉也。"饮食为生民之天、活人之本，是维持人体生命活动的必备条件，对人身健康至关重要。饮食得宜，从"五谷""五果""五畜""五菜"的各种饮食中摄取各种养分，可以蓄精益气、预防疾病、延年益寿。而饮食失当，则会致病折寿，使人无法享尽天年。

医食同源，寓医于食。医食同源是中国饮食养生文化闪光点。自古以来，中国就有"食用、食养、食疗、食忌"之说。唐代药王孙思邈在《千金方·食治》中强调："夫为医者，当须先洞晓病源，知其所犯，以食治之。食疗不愈，然后命药"，还说"若能用食平疴、释情遣疾者，可谓良工，长年饵老之奇法，极养生之本也"。

事实的确如此,如果将有养生和防治疾病功效的食物纳入人们的一日三餐,如大枣、芝麻、薏苡仁、蜂蜜、山药、莲子、桂圆、百合、菌类、柑橘等,其有病治病,无病保健的功效将是无比巨大的。

少食多餐。"饮食有节"是饮食养生中的重要一环。孙思邈在《千金方》中告诫说:"善养性者,先饥而食,先渴而饮;食欲数而少,不欲顿而多——则难消也;常欲令如饱中饥,饥中饱耳。"要养生,饥饱都要适度。饿了就吃饭,渴了就喝水,少食多餐才好。因为人体是一个平衡的整体,能量的储存、转化、利用也要不断地在更新过程中保持平衡,吃得太饱,消化系统就会产生很大的负担,不利于身体健康。特别在睡前尤其不能贪吃过量,能量过剩,除造成身体肥胖外,还会导致各种各样的疾病。

饮食养生要注重五味均衡。古人以"甘、酸、苦、辛、咸"为饮食的五味。如今,中国饮食的滋味多种多样,但也以五味为基础。五味虽看似仅为食物的味道而已,实不尽然。各种味道进入人体之后,对人体的各种器官的功能都会有很大的影响。《灵枢·五味论》中说:"五味入于口也,各有所走,各有所病。酸走筋,多食之令人癃(手足不灵);咸走血,多食之令人渴;辛走气,多食之令人洞心;苦走骨,多食之令人变呕;甘走肉,多食之令人心悸。"所以五味要均衡,要调和,要"甘而不哝,酸而不酷,咸而不减,辛而不烈"。这样才不容易引发各种疾患。

养生宜清淡饮食。清淡,是与浓厚肥腻相

对来说的。除了五味不可厚重之外，更多是指要多吃新鲜蔬果、杂粮，少吃肉类。肉虽好吃，却不宜多吃，特别是肥肉，不易消化，容易引起心血管系统的疾患。清淡的食物一般有利于消化吸收，而且可防止多种疾病。孙思邈在《千金方》里说："厨膳勿使脯肉常盈，常令俭约为佳……善养性者常须少食肉，多食饭。"看来古人早已明了这个道理了。

保持愉快的饮食情绪。饮食情绪会影响到人们消化功能是否正常进行，所以心情开朗，精神愉快，是养身的第一要诀。孙思邈曾说过："人之当食，须去烦恼。"清代学者李渔更是指出："怒时食物易下而难消，哀时食物难消亦难下。"吃饭的时候，如果争吵动怒，或者郁闷不快，都会影响消化，从而导致各种疾病。

食后保健很重要。饮食养生的各个环节都非常重要，尤其是饭后的保健更应该注意。孙思邈说："食毕当漱口，令人牙齿不败。口香……饭已，以手摩面及腹，令津液通流。"又说："中食后，还以热手摩腹，行一二百步；缓缓行，勿令气急……饱食不宜急行。"养生之道，不能饱食便卧及终日久坐，都有损健康。常言说：流水不腐，户枢不蠹。食后应缓行数百步，并以此为修身养性之快事。古人还有饭后用茶漱口的习惯。宋朝美食家大学者苏轼每次吃完饭都会用浓茶漱口，以解油腻、助消化，还能护齿。

中国饮食养生文化是中华民族的一份宝贵遗产，具有丰富、深邃的科学内涵。

名家论吃

豆腐
——梁实秋

豆腐是我们中国食品中的瑰宝。豆腐之法,是否始于汉淮南王刘安,没有关系,反正我们已经吃了这么多年,至今仍然在吃。在海外留学的人,到唐人街杂碎馆打牙祭少不了要吃一盘烧豆腐,方才有家乡风味。有人在海外由于制豆腐而发了财,也有人研究豆腐而得到学位。

关于豆腐的事情,可以编写一部大书,现在只是谈谈几项我个人所喜欢的吃法。

凉拌豆腐,最简单不过。买块嫩豆腐,冲洗干净,加上一些葱花,撒些盐,加麻油,就很好吃。若是用红酱豆腐的汁浇上去,更好吃。至不济浇上一些酱油膏和麻油,也不错。我最喜欢的是香椿拌豆腐。香椿就是庄子所说的"以八千岁为春,以八千岁为秋"的椿。取其吉利,我家后院植有一棵不大不小的椿树,春发嫩芽,绿中微带红色,摘下来用沸水一烫,切成碎末,拌豆腐,有奇香。可是别误摘臭椿,臭椿就是樗,本草李时珍曰:其叶臭恶,歉年人或采食。近来台湾也有香椿芽偶然在市上出现,虽非臭椿,但是嫌其太粗壮,香气不足。在北平,和香椿拌豆腐可以相提并论的是黄瓜拌豆腐,这黄瓜若是冬天温室里长出来的,在没有黄瓜的季节吃黄瓜拌豆腐,其乐也何如?比松花拌豆腐好吃得多。

"鸡刨豆腐"是普通家常菜,可是很有风味。一块老豆腐用铲子在炒锅热油里戳碎,戳得乱七八糟,略炒一下,倒下一个打碎了的鸡蛋,再炒,加大量葱花。养过鸡的人应该知道,一块豆腐被鸡刨了是什么样子。

锅塌豆腐又是一种味道。切豆腐成许多长方块,厚薄随意,裹以鸡蛋汁,再裹上一层芡粉,入油锅炸,炸到两面焦,取出。再下锅,浇上预先备好的调味汁,如酱油料酒等，如有虾子羼入更好。略烹片刻，即可供食。虽然仍是豆腐，然已别有滋味。台北天厨陈万策老板，自己吃长斋，然喜烹调，推出的锅塌豆腐就是北平作风。

沿街担贩有卖"老豆腐"者。担子一边是锅灶，煮着一锅豆腐，久煮成蜂窝状，另一边是碗匙佐料如酱油、醋、韭菜末、芝麻酱、辣椒油之类。这样的老豆腐，自己在家里也可以做。天厨的老豆腐，加上了鲍鱼火腿等，身分就不一样了。

担贩亦有吆喝"卤煮啊，炸豆腐！"者，他卖的是炸豆腐，三角形的，间或还有加上炸豆腐丸子的，煮得烂，加上些佐料如花椒之类，也别有风味。

一九二九年至一九三〇年之际，李璜先生宴客于上海四马路美丽川（应该是美丽川菜馆，大家都称之为美丽川），我记得在座的有徐悲鸿、蒋碧微等人，还有我不能忘的席中的一道"蚝油豆腐"。事隔五十余年，不知李幼老还记得否。蚝油豆腐用头号大盘，上面平铺着嫩豆腐，一片片的像瓦垄然，整齐端正，黄橙橙的稀溜溜的蚝油汁洒在上面，亮晶晶的。那时候四川菜在上海初露头角，我首次品尝，诧为异味，此后数十年间吃过无数次川菜，不曾再遇此一杰作。我揣想那一盘豆腐是摆好之后去蒸的，然后浇汁。

厚德福有一道名菜，尝过的人不多，因为非有特殊关系或情形他们不肯做，做起来太麻烦，这就是"罗汉豆腐"。豆腐捣成泥，加芡粉以增其粘性，然后捏豆腐泥成小饼状，实以肉馅，和捏汤团一般，下锅过油，再下锅红烧，辅以佐料。罗汉是断尽三界一切见思惑的圣者，焉肯吃外表豆腐而内含肉馅的丸子，称之为罗汉豆腐是有揶揄之意，而且也没有特殊的美味，和"佛跳墙"同是噱头而已。

冻豆腐是广受欢迎的，可下火锅，可做冻豆腐粉丝熬白菜（或酸菜）。有人说，玉泉山的冻豆腐最好吃，泉水好，其实也未必。凡是冻豆腐，味道都差不多。我常看到北方的劳苦人民，辛劳一天，然后拿着一大块锅盔，捧着一黑皮大碗的冻豆腐粉丝熬白菜，唏哩呼噜的吃，我知道他自食其力，他很快乐。

戒酒
——老舍

  并没有好大的量，我可是喜欢喝两杯儿。因吃酒，我交下许多朋友——这是酒的最可爱处。大概在有些酒意之际，说话作事都要比平时豪爽真诚一些，于是就容易心心相印，成为莫逆。人或者只在"喝了"之后，才会把专为敷衍人用的一套生活八股抛开，而敢露一点锋芒或"谬论"——这就减少了我脸上的俗气，看着红扑扑的，人有点样子！

  自从在社会上作事至今的廿五六年中，虽不记得一共醉过多少次，不过，随便的一想，便颇可想起"不少"次丢脸的事来。所谓丢脸者，或者正是给脸上增光的事，所以我并不后悔。酒的坏处并不在撒酒疯，得罪了正人君子——在酒后还无此胆量，未免就太可怜了！酒的真正的坏处是它伤害脑子。

  "李白斗酒诗百篇"是一位诗人赠另一位诗人的夸大的谀赞。据我的经验，酒使脑子麻木、迟钝、并不能增加思想产物的产量。即使有人非喝醉不能作诗，那也是例外，而非正常。在我患贫血病的时候，每喝一次酒，病便加重一些；未喝的时候若患头"昏"，喝过之后便改为"晕"了，那妨碍我写作！

  对肠胃病更是死敌。去年，因医治肠胃病，医生严嘱我戒酒。从去岁十月到如今，我滴酒未入口。

  不喝酒，我觉得自己象哑吧了：不会嚷叫，不会狂笑，不会说话！啊，甚至于不会活着了！可是，不喝也有好处，肠胃舒服，脑袋昏而不晕，我便能天天写一二千字！虽然不能一口气吐出百篇诗来，可是细水长流的写小说倒也保险；还是暂且不破戒吧！

版权声明

由于时间及地域等原因，无法与权利人一一联系，为了尊重作者的著作权，编者特委托北京版权代理有限责任公司向权利人转付稿酬。请您与北京版权代理有限责任公司联系并领取稿酬。联系方式如下：

吴文波　北京版权代理有限责任公司
北京海淀区知春路 23 号量子银座 1401 室
邮编：100083
电话：(010) 82357056/57/58-230
传真：(010) 82357055